育てて、食べて、心と体に効く

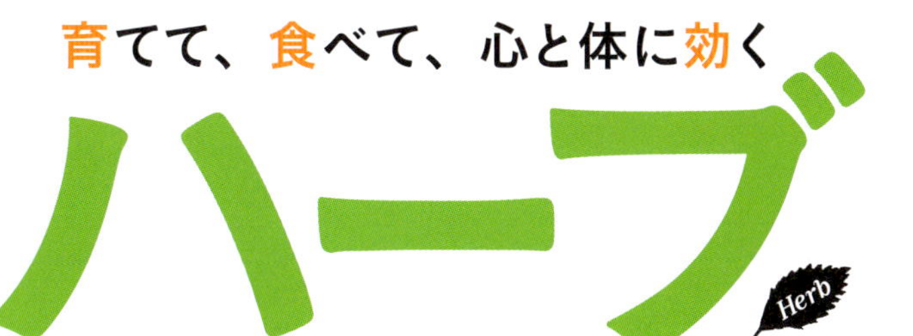

楽しみ方のポイント66

増補改定版

ハーブサイエンスアカデミー学長
窪田利恵子 著

Mates-Publishing

Herb Contents

※本書は2011年発行の『育てて、食べて、心と体に効く　ハーブ楽しみ方のポイント60』を元に加筆・修正を行っています。

Part1
ハーブを育てるコツ

column

Part2
ハーブを育てるコツ

本書の使い方

具体的なテクニックやポイント、ハーブを使ったレシピを解説しています。

取り上げているトピックに対してプラスαの情報や注意点などを紹介しています。内容は「マメ知識」､「プラス１レッスン」、「ココに注意」の３つのカテゴリーに分けられています。

はじめに

ハーブは何千年という歴史の中でお茶や料理として親しまれ、園芸として楽しまれるほか、傷病を癒したりするなど、人々の暮らしの中に自然に寄り添い、役立ってきました。ストレスの多い現代社会でも、世界中で植物の持つパワーが認知され続けています。

本書は、ハーブの持つ素晴らしい魅力や楽しみ方を紹介しています。おひとりおひとりのライフスタイルを豊かにするため、お役に立てるようにと願いを込めて、ハーブに関する多くの情報を整理し、工夫してみました。

実用的で有効な情報をすぐに取り入れられるように、大切なコツやポイントをわかりやすく紹介しています。どこでも興味のある項目から読んでみてください。すべてのポイントを熟読すれば、あなたもハーブのエキスパートといえるでしょう！　ご家族やご友人、パートナーとともに、日常の多くの場面でハーブのあるビューティフルライフをエンジョイしていただければ、とてもうれしく思います。

窪田利恵子

ハーブを室内やベランダで
育てる場合は、
ちょっとしたコツが必要。
家庭で楽しくハーブを育てるための
コツをみてみましょう。

ハーブの特性をチェック
室内栽培は温度管理が大切

ハーブは基本的に日当たりと風通しがよい場所を好みます。そのため、室内栽培用には丈夫で育てやすいシソ科の多年草や、半日陰で育つミント、チャイブ、チャービルなどを選ぶとよいでしょう。ときどき日に当て、風通しのよい場所に移動させたり、多湿にならないように、できるだけ外に近い環境を整えることが大切です。温度管理ができるのが、室内栽培の強みといえるでしょう。

シソ科の多年草や半日陰を好むハーブを選ぶ

ハーブの特性がわかれば、育てやすい環境もわかります。原産地や科名、属名をチェックして室内栽培に強い種類を選びましょう。

半日陰を好む種類を選ぶ

1日中日が当たる場所ではなく、1日のうち数時間だけ日が当たる場所や明るい日陰を好む種類を選ぶ。

温度管理

夏は高温多湿にならないように涼しくし、冬は温暖にしておきましょう。10℃～25℃が生育適温です。

地中海の気候を意識する

ハーブは地中海原産のものが多いです。夏は涼しくカラッと乾燥、冬は温暖で雨が多いという気候に合わせた環境作りが必要です。

シソ科で多年草・低木のものを選ぶ

シソ科は日光や水が少なくても丈夫に育ちます。また、多年草は枯れてもまた次が出てくるので、初心者にもおすすめ。

※ただし3日に1回～週に1回程度は外に出し、午前中の日に当ててあげるようにしましょう。

室内でも育てやすいハーブ

室内でも元気に育つハーブを紹介します。

バジル

種からでも育てやすいハーブ。生育適温が20℃ぐらいなので室温に適しています。

スペアミント

室内栽培にすると葉がやわらかくなります。半日陰を好むのでキッチンでも◎。

イタリアンパセリ

キッチンハーブとして育てやすく、使いやすい人気のハーブです。

スイートバイオレット

半日陰を好むのでリビングでも◎。乾燥させないように気をつけましょう。

ゼラニウム

冬は室内が生育温度に適します。乾燥気味にして日当たりのよいところで育てましょう。

ナスタチウム

丈夫で肥料もほとんど不要。日当たりと水はけをよくすれば元気に育ちます。

知っておきたい植物の分類

植物のライフサイクルを踏まえ、育て方のスタイルや目的に合わせたハーブを選びましょう。

一・二年草	発芽してから1、2年の間に生育、開花・結実して枯れる植物。多くの花をつけ、花期が長いものが多いのが特徴です。
多年草	結実して冬になった後も株を枯らさず、数年にわたって成長する植物なので、毎年楽しむことができます。
樹木	地上部分が樹となり、2年以上生存する植物。落葉と常葉、高木と低木のものがあります。

Check! 室内栽培に向いているハーブ選び

次のような条件を整えれば、室内でもハーブを育てることができます。

- [ ] 半日陰で生育する品種を選ぶ
- [ ] シソ科で多年草・低木の品種を選ぶ
- [ ] 夏は高温多湿を避け、冬は温暖にする
- [ ] ときどき日に当てる

観察眼を持つことが大切

2 苗はしっかりとした健康なものを選ぶ

苗は販売最盛期の春か秋に、多数ある苗の中から質のよいものを選びましょう。季節はずれのものや残りものは弱々しかったり、傷んでいたりすることがあるので注意が必要です。茎がしっかりとして葉が多く、節と節の間が短く引き締まったもの、また、葉や茎につやがあり、病害虫による傷みや枯葉がなく、つぼみや新芽が多いものを選ぶのがポイントです。

苗は見て触って確認する

健康な苗を見極めるには、葉や茎や根をよく観察し、手で触って確かめることが大切です。下記の条件を満たすものを選びましょう。

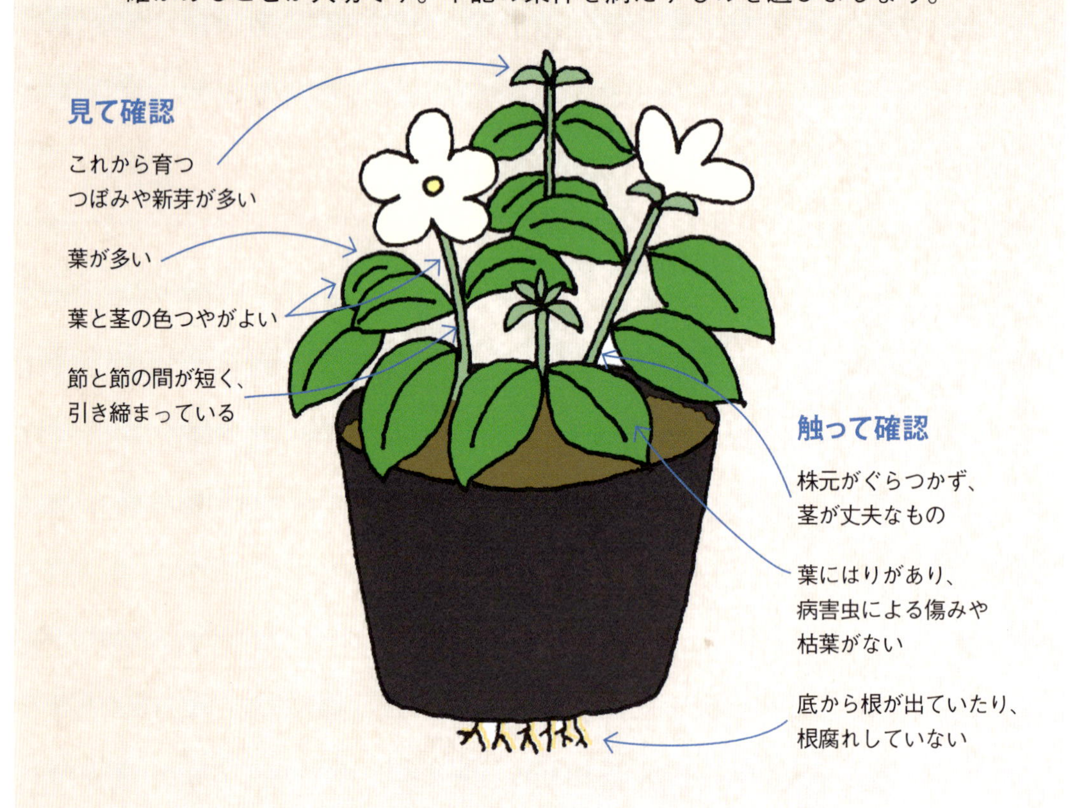

苗を購入する季節やタイミングを考える

野菜と同じでハーブの苗も旬の季節や、購入するベストなタイミングがあります。ベストな時期を確認しておきましょう。

出荷が多い時期

ハーブの種まきの季節は春と秋の2回。苗も春と秋が最も出回る販売最盛期です。たくさんの中から健康な苗を選びましょう。

春

植えてすぐに花が咲くので、ハーブが成長していく姿や開花の様子を見て楽しめます。購入から開花までの期間が短いので、お手軽感があります。

入荷したてをチェック

入荷したての苗は、長く園芸店で管理されているものよりも新鮮。こまめに園芸店に行って入荷をチェックしましょう。

秋

寒い冬を越すことで、根や茎が丈夫になり、夏の高温多湿にも抵抗力ができます。芽が出て花が咲いたときに達成感が味わえるのも楽しみのひとつ。

※屋外への植えつけは、春は霜の心配がなくなる4月頃が安心。ラベンダーやローズマリーなど耐寒性のあるハーブは、9月下旬から10月上旬に植えつけると、冬の間にしっかりと根が張って、春からの生育もよくなります。一年草の苗も耐寒性のあるものは秋植えがおすすめです。

Check!
健康な苗の選び方

次の点に注意して選べば、健康な苗をみつけることができます。

- □ 節が短くしっかりとして、株元がぐらつかないもの
- □ つぼみや新芽が多く、葉や茎の色つやがよいもの
- □ 病害虫の傷みがなく、根腐れしていないもの
- □ 春と秋の販売最盛期のもの
- □ 入荷したてのもの

種から育てやすいハーブ

ハーブは苗から育てる方が簡単ですが、ディル、イタリアンパセリ、チャービルなど移植を嫌うハーブやセージ、フェンネルなど大粒の種子のハーブは、素焼きの鉢やプランターにじかまきすれば、種からでも育てやすいのでおすすめです。

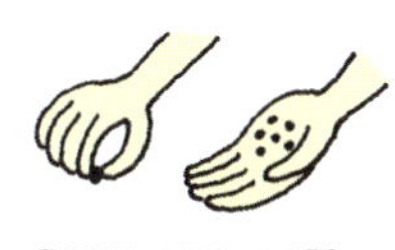
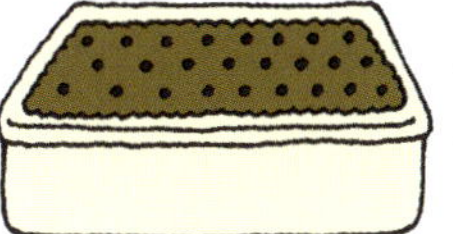

1. 種のまき方

種袋の裏に書かれている種まきの時期、育て方に従って種をまく。

2. 土をかけて水をやる

種の上から軽く土をかけて手で押さえ、水をたっぷりやる。

3. 間引きをする

芽が出たら重なった苗、弱々しい苗などをピンセットで取り除き、間引きする。

※種子の管理は冷蔵庫などの冷暗所で保管すれば発芽率が落ちにくい。

スーパーで買った食材を活用
残ったハーブを育てて増やす

食材として買ってきたハーブの捨てていた部分、余ったものも育てれば再収穫することができます。根付のものは茎を3cmほど残して根を水につけておくと新芽が出ます。根のないハーブは茎下3cmほどの葉を取り除いて、茎先1cmほどを水につけておくと根が生えます。これらを土に植え替えるとさらに育ちます。窓辺などの風通しのよい、明るい場所で育てましょう。

水栽培で根を伸ばして土に植える

根のないハーブでも水栽培すると3～10日で発根します。ココットやマグカップを使ってキッチンハーブらしくおしゃれに育ててみましょう。

1. 下の葉を除く

余ったハーブを使う場合、葉が水につかると腐るため、茎下3cmほどの葉を取り除いておく。

2. 水につける

遮光した方が根が出やすいので、陶器の小さな器を使い、茎先が1cmほど水につかるように活ける。水は1日1回は交換する。

3. 土に植える

発根したらしばらく水栽培で育て、根が増えたら土に植え替えるとさらに育つ。

Check!

残ったハーブを育てるコツ

残ったハーブを上手に育てるには下記のことがポイントです。

- □ 風通しのよい明るい窓辺に置く
- □ 遮光できる陶器などで発根させる
- □ 水換えは1日1回する
- □ 根が増えたら土に植え替える

再生しやすいハーブを選ぶ

キッチンハーブは丈夫で育てやすいものが多いため、再生しやすいのが特徴。残った部分を利用して手軽に育てることができます。

ミント

とても丈夫で育てやすい。葉つきの枝を水につけておくと3日ほどで発根します。

バジル

葉つきの茎を水につけておくと1週間ほどで発根。土に植えると葉がどんどん増えます。

クレソン

10cm程度の長さの太い茎を下の葉だけ除いて水につけておくと、3日ほどで発根します。

タイム

少ししなびてしまったものでも水にさしておくと10日ほどで発根します。

挿し木・株分けで育つハーブ

ハーブは生命力が強いため、多くのものが挿し木や株分けで増やすことができます。親株と同じ性質のものができるので、気に入ったハーブがあればどんどん増やしてみましょう。春か秋に行うのがおすすめ。

株分けで増やす

株を掘り上げ、根や茎をつかんでやさしく引き離します。ハサミで切り分けても可。土に植えたら水をたっぷりとやり、新しい芽が出るまでは半日陰で育てます。株分けしやすいのはローマンカモミール、レモングラス、チャイブなど。

挿し木で増やす

若くて勢いのよい枝を10cmほど切り、切り口を水につけて発根させてから土に植え、水をたっぷりとやります。新しい芽が出るまでは半日陰で育てましょう。挿し木しやすいのはラベンダー、ローズマリー、セージなど。

4 産地に近い土壌を作る
ハーブが好む土は弱アルカリ性

ハーブは品種改良された園芸植物ではなく、自生植物のため、原産地に近い性質の土を好みます。多くのハーブの産地である地中海沿岸の土壌は弱アルカリ性から中性。日本の土壌や一般的な用土は酸性のため、石灰類を混入して改良しましょう。また、地中海沿岸のように水はけがよく保水性のある土にするため、赤玉土を使います。市販のハーブ用土はこれらが調合してあります。

ハーブが好む土の条件を整える

ハーブを上手に育てるには、原産地に近い土を作ることが大切。まずは主要なハーブの原産地、地中海沿岸の土壌の条件を知っておきましょう。

1. 弱アルカリ性から中性
市販のハーブ用土を用いるか、石灰類を混入します。

2. 水はけがよい
市販のハーブ用土を用いるか、赤玉土、腐葉土を使用します。

3. 水保ちがよい
市販のハーブ用土を用いるか、腐葉土、ピートモス、バーミキュライトを使用します。

4. 有機物、肥料分がある
市販のハーブ用土を用いるか、腐葉土、黒土、肥料を使用します。

便利な市販のハーブ用土
ハーブ栽培用の土として売られているものを使えば、左記のようなハーブが好む条件が満たされているので便利です。

鉢植え用の土の作り方

自分で土をブレンドして作る場合は、水はけがよく、保肥・保水性、アルカリ性を持つ土になるように調合しましょう。

1. 赤玉土の中・小を同量混ぜ合わせたもの、腐葉土、バーミキュライト、ピートモス、石灰類少量をよく混ぜ合わせる。
2. 鉢底をネットでふさぎ、赤玉土の大を敷き詰める。
3. 2に1を入れる。ウォータースペースを残すくらいの量が目安。
4. 石灰を土になじませるために、2週間程度置いてから苗や種を植える。

赤玉土

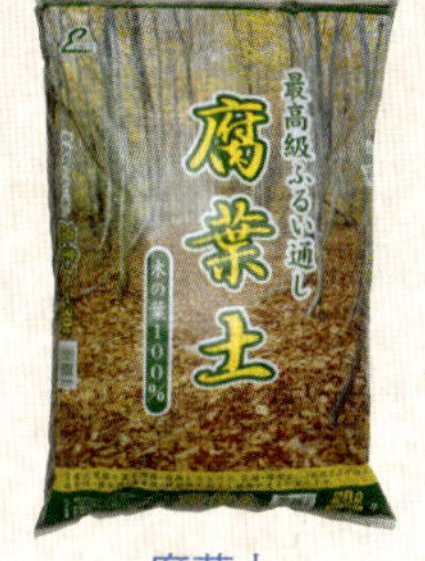

腐葉土

バーミキュライト

ピートモス

石灰

一度利用した土を再利用するには

一度ハーブを育てた土は、硬く固まり、養分や石灰は失われ、古い根が残っています。そのため、新たにハーブを植えるには調整と消毒が必要です。

消毒

新聞紙などの上に土を崩して広げ、古い根をしっかり取り除きます。それをビニール袋に入れて密閉し、日当たりがよいところに置いて2週間ほど日光消毒します。ビニール袋は黒いものの方が熱を吸収しやすくて◎。

調整

消毒が終わった土をふるいにかけてやわらかくし、肥料と石灰を混ぜて調えます。消毒、調整することでハーブ用土として何度でも再利用できます。

Check!

ハーブ栽培に必要な土作り

ハーブを栽培するときは、下記の要素を満たす土を用意しましょう。

- [ ] 弱アルカリ性から中性
- [ ] 水はけがよい
- [ ] 保肥性、保水性がある

失敗しない植栽法

5 植えつけは苗を傷めないように注意する

苗は購入後、なるべく早く鉢に植えましょう。ポットのままにしておくと生育が悪くなります。植えるときは苗の先端を傷つけない、葉を落とさない、茎を傷めない、株元を折らないなど、傷めないように注意しながら苗を扱いましょう。ポットから苗を取り出すときは、株元を指で挟んで、反対の手でポットの底をつまむようにして押し出すと苗を傷めません。

苗よりひとまわり大きな鉢に植える

苗を植える鉢は、ハーブの成長に合わせたサイズを用意します。
植えつけの際は、苗よりひと回り大きなものを選ぶようにしましょう。

大きく成長するハーブでも最初から大きな鉢に植えるのではなく、成長にしたがって順次大きな鉢にする方が土中の空気の流通がよく、生育がよくなります。苗よりひとまわり大きな鉢を選んで植えるようにしましょう。

ポット苗

苗よりひとまわり大きな鉢

準備するもの

必要な道具を揃えておけばスムーズに植えつけが行えます。

園芸用グローブ

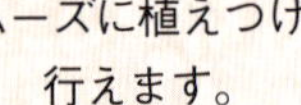

土入れとスコップ

ジョウロ

ハーブ用の土と鉢底石

鉢底ネット

苗の植えつけ方の基本

苗を傷つけないように気をつけながら下記の手順で植えつけましょう。

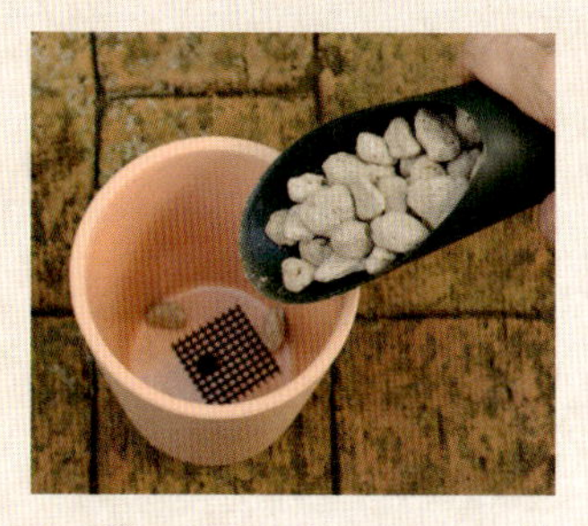

1. 鉢の穴より少し大きめの鉢底ネットを敷き、大粒の鉢底石を鉢底から2、3cmのところまで入れる。

2. ハーブ用の土を土入れで鉢の半分ぐらいまで入れる。

3. 鉢にポットごと苗を入れてみて、鉢の縁よりも苗の根元が少し低くなるように土の量を調整する。

4. 苗を傷めないように慎重にポットから取り出す。根がびっしりと張っている場合は根を軽くほぐす。

5. 鉢の中心に苗を置き、苗が斜めにならないようにバランスを取りながら苗と鉢の隙間に土を入れる。

6. まわりに入れた土を土入れの先や割り箸などでつついて苗を安定させ、少し土が沈んだら土を足す。

7. 土の表面が鉢の縁よりも1～2cm低くなるように軽く押さえて水やりのためのウォータースペースを作る。

8. ジョウロで水をたっぷり与え、春植えの場合は日陰に、秋植えの場合は暖かい日なたに2～3日置いておく。

Check!
上手な植えつけのコツ

植えつけでは次のことに注意しましょう。

- [ ] 苗よりひとまわり大きな鉢を選ぶ
- [ ] 苗を傷めないように丁寧に扱う
- [ ] ウォータースペースを作り、たっぷり水をやる
- [ ] 春植えは日陰、秋植えは日なたに2～3日置く

土を使わないから汚れも虫も気にならない！

水栽培やカルセラで快適に育てる

室内でハーブを育てるとき、土がこぼれて部屋を汚したり、土から虫が湧くのが気になることがあります。キッチンまわりで育てるときは、なおさら衛生面が気になります。そんなときは水栽培をしてみましょう。ハーブの中には挿し木・挿し芽で増やせるものなど、水栽培に適した品種があります。また、セラミック製の土であるカルセラを利用してみるのもひとつの方法です。

水栽培できるハーブを育てる

水栽培に向いているハーブとその特徴を紹介します。

チャイブ

セイヨウアサツキとも呼ばれ、アサツキ同様に料理に使えます。

クレソン

ピリッとした味わいで肉・魚料理のアクセントに利用されます。

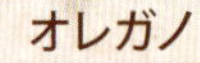

オレガノ

清涼感のある強い香りのするハーブ。肉料理やトマトと相性がよいです。

ローズマリー

さわやかな香りでリフレッシュ効果があり、多用途に使えるハーブです。

ペパーミント

清涼感のあるメントールの香りが特徴。

レモンバーム

ハーバルバスに使うと、湿疹やアレルギーによいといわれています。

カルセラを使って育てる

水栽培をしたいけれど、それだけでは物足りない……という人には
カルセラというセラミック製の土がおすすめです。

カルセラとは

セラミックでできた土で、洗って何度でも使えます。根腐れしにくいので、底に穴がない瓶のような鉢でもハーブを育てることができます。土ではないので、手や周囲が汚れることがなく、虫が湧く心配が少ないので、ベランダ、室内での栽培に向いています。

カルセラを使った育て方

1. 穴が開いている鉢の場合は穴を網でふさぎ、開いていないものはそのままカルセラを8分目まで入れる。
2. 穴が開いていない鉢の場合は、鉢の¼程度の水を入れ、穴が開いている鉢の場合は下から水が流れでるまでたっぷりと水をやる。ただし、水が腐ってしまうので、下皿に水を溜めたままにしておかない。
3. カルセラの表面に種をまき、霧吹きで水をかける。または、カルセラに挿し木をする。
4. 発芽、成長して水の量が減り、カルセラの表面が乾いて白っぽくなってきたら、穴が開いてない鉢は¼のところまで水をつぎ足す。穴が開いている鉢は下から水が流れ出るまでたっぷりとやる。ときどき、水と一緒に液肥を少し加えると成長がよくなる。

水栽培の注意点

室内でも手軽に育てられる水栽培ですが、次のような注意点があります。元気なハーブを育てるためのポイントを押さえておきましょう。

水はこまめに取り替える

水は2日、3日に1回ぐらいは取り替えて、茎が腐らないようにします。市販の防腐剤を使ってもOK。

液肥を使う

水だけでは養分がないため、水やりのときに、ときどき少量の液肥を混ぜてあげましょう。

Check!
ハーブを水栽培するコツ

水栽培でハーブを育てる際は、次のことを覚えておきましょう。

- □ 挿し木ができるなど、水栽培に向いているハーブを選ぶ
- □ 水栽培のときは水をこまめに取り替える
- □ ときどき液肥を使う

7 ハーブの特性を押さえて選択
通気性と排水性のよい鉢を選ぶ

多くのハーブの産地である地中海沿岸は、湿度が低く、温暖な気候です。ハーブを上手に育てるためには、この気候に近い環境作りが必要不可欠。使用する鉢も排水性と通気性のよいものを選びましょう。鉢の素材は素焼き、木製、プラスチックなどがあるので、それぞれの特徴を押さえておきましょう。また、形は何を植えるか、どこに置くかを考えて選ぶことがポイントです。

部屋の雰囲気に合わせた素材を選ぶ

素焼き、木製、プラスチックの素材の特徴を踏まえた上で、好みや用途に合った鉢を選びましょう。

素焼き

鉢の表面から水分が蒸発するので排水性、通気性に優れている理想的な素材。重厚感があり玄関などに向いています。

注意点

重くて運びにくい、割れやすい、乾燥しやすいのがこの素材の特徴。保水性に欠け、鉢の中の土が乾きやすいです。

木製

土の温度が上がりすぎず、軽くて通気性がよい素材。室内で育てる場合など、ナチュラルな雰囲気を作りたいときにおすすめ。

注意点

水に触れたままだと木や金具が腐りやすく寿命が短くなるので、通気性をよくするような手入れをする必要があります。

プラスチック

価格が安く、軽くて扱いやすい素材で、形やデザインが豊富なのが特徴。シンプルなものならスタイリッシュに飾ることができます。

注意点

通気性が悪く、熱がこもりやすいのでスリットの入っているものを選ぶか、下に隙間を作るなどして風通しをよくする必要があります。

用途に合わせて形を選ぶ

鉢の形を選ぶときは、どんなハーブを植えるか、鉢をどこに置くかを考えて決めましょう。代表的な鉢の形は次の5つがあげられます。

丸型

定番の形。四方から見える場所に置くのに適しています。ハーブの成長具合、花のつき方によって、正面を変更することができて便利です。

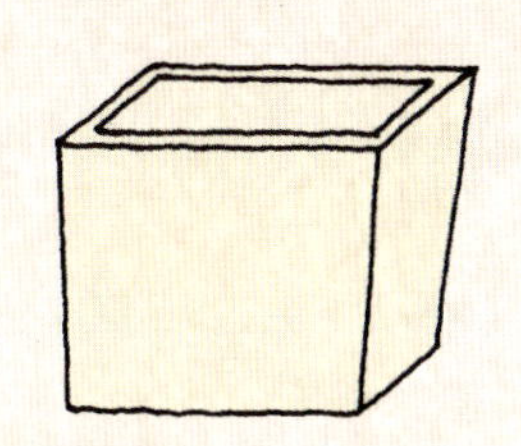

正方形

立方体のような形のもの。深くて安定しているので寄せ植えに適しています。また、丸型と同様に四方から見える場所に置きたいときにおすすめです。

縦長

玄関やリビングなど存在感を出したい場所に置くのに適しています。ハーブは背が高めのもの、大きめのものを植えるとバランスよく見えます。

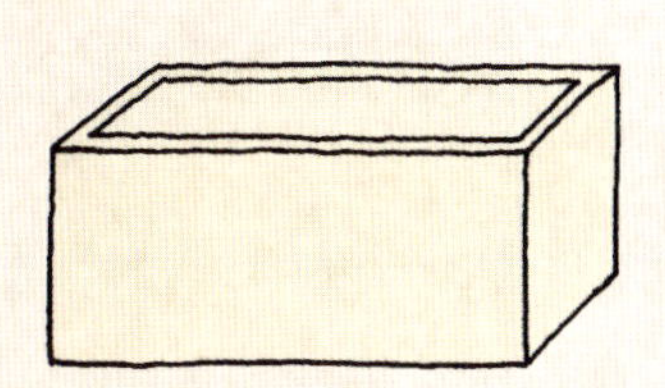

長方形

壁面に並べて飾るのに適しています。同じものを等間隔に植えると整然ときれいに見え、高さや雰囲気の違うものを植えるとリズムをつけることができます。

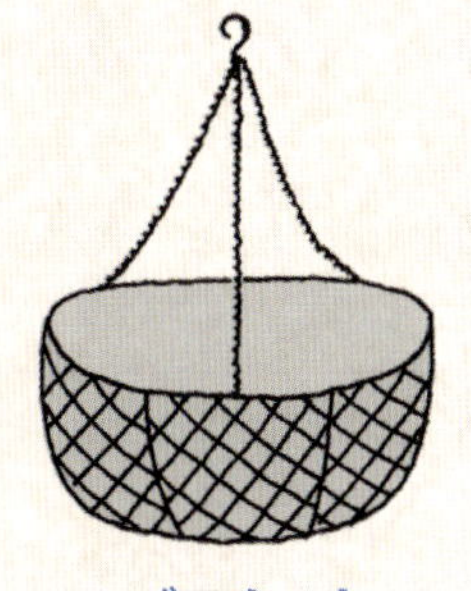

バスケット

吊り下げるタイプの鉢。ベランダの高い位置に飾れるので、空間をデザインすることができます。つる性など下に垂れるハーブに適しています。

Check!
鉢の選び方

鉢の素材、形はさまざま。ハーブに適した鉢の選び方を覚えておきましょう。

- □ 通気性がよいものを選ぶ
- □ 排水性がよいものを選ぶ
- □ 好みの雰囲気や置く場所、ハーブの特性に合わせて選ぶ

エコでかわいい！
家庭にあるものを鉢のかわりにする

室内用の小さくておしゃれな鉢が見つからない、なるべくお金をかけないでハーブを育てたい、個性的な鉢を使いたい……。そんなときは、家庭にあるものを再利用した鉢がおすすめです。空き缶、空き瓶、ペットボトル、マグカップ、お皿など、鉢の代わりに使えるものを探してみましょう。アレンジ次第でイメージに合った鉢に仕上げることができ、エコな鉢の完成です。

再利用の鉢でエコ＆かわいく飾る

家庭にあるものを鉢として利用することもできます。
室内のインテリアの一部として、おしゃれに飾ってみましょう。

空き缶

空き缶なら何でもOKですが、輸入食料品の英字缶詰がおしゃれでおすすめ。缶の底にはキリなどで通水孔をあけます。水受け皿には紅茶やお菓子の缶のふたを使うとぴったり。

空き瓶

ジャムや調味料の空き瓶を利用します。透明感のある容器なので、水栽培やカルセラ栽培がおすすめ。土を使う場合は、瓶のまわりを布や紙で包み、リボンやシールで飾っても。

ペットボトル

ペットボトルの底を必要な高さでカットして利用します。底にはキリなどで通水孔をあけて水受け皿を敷きましょう。周囲を布や紙で飾りつけて仕上げるのがおすすめ。

マグカップ

使っていないもの、お気に入りのものを鉢にしてしまいましょう。キッチンハーブを植えて、キッチンの水まわりなどに置くと実用的でおしゃれなインテリアグリーンになります。

再利用の鉢は排水に注意する

ハーブを育てる鉢は排水性、通気性があることが大切です。
空き缶や空き瓶の鉢も同様に、この2点は備えておきましょう。

穴＆受け皿

缶やペットボトルなど穴が開けられるものは、キリなどを使って底に何箇所か通水孔を開け、水受け皿を敷いて飾りましょう。水受け皿も水が溜まっていると水が腐ったり、ぶつかったときにこぼれてまわりを汚してしまうので、水やりをしたときにその都度捨てます。

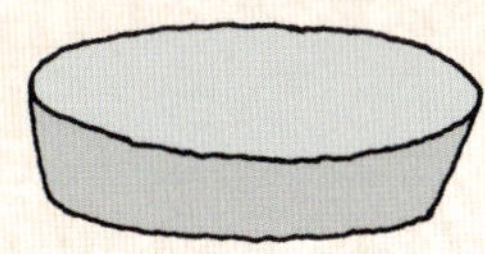

ポリポットごと入れる

穴を開けられない瓶やマグカップを利用するときは、ポリポットごと容器に入れてしまいましょう。ポリポットが大きい場合は縁をハサミで切ったり、土を減らしてガムテープでとめ、小さくするときれいにおさまります。瓶やマグカップに水が溜まったままだと根腐れしてしまうので、余分な水は捨てましょう。

Check!

再利用の鉢の作り方

次のことを押さえておけば、家庭にあるものでもおしゃれな鉢が作れます。

- □ 空き缶、空き瓶、ペットボトル、マグカップを使う
- □ 通水孔を開け、排水性のある作りにする
- □ 通気性のある作りにする

器を飾ってかわいくする

再利用の鉢はそれだけでは味気ないことが多いもの。そんなときは次の3つのポイントを押さえてアレンジしてみましょう。

包む

ナチュラルテイストなら英字新聞や麻布、和テイストなら和紙など、インテリアに合わせたおしゃれな紙や布がおすすめ。

貼る

キラキラしたデコシール、外国の切手などインパクトがあってセンスのよいものを選ぶとよいでしょう。

結ぶ

麻ひもや天然素材を使うとナチュラルでカジュアルに仕上がり、布やレースのリボンを使うとエレガントに仕上がります。

窓辺 or リビング or キッチン……
ハーブに合わせて置く場所を決める

ハーブは種類によって、栽培に適した環境が違います。その特性を踏まえ、栽培する場所に合わせたハーブを選ぶことがポイントです。窓辺は日当たりがよいので日の光を好むハーブ。リビングは明るいけれど直接日光が当たらないので、半日陰を好むハーブ。キッチンは半日陰を好み、料理に使えるハーブ。日の当たらない場所は風通しをよくし、日陰を好むハーブを選んで置きましょう。

室内の環境に合わせてハーブを選ぶ

それぞれの環境に適したおすすめのハーブを紹介します。

窓辺におすすめのハーブ

レモンバーム

レースラベンダー

アップルミント

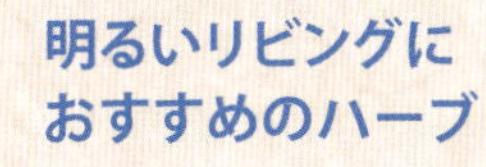

明るいリビングにおすすめのハーブ

アイビー

ゼラニウム

ゴールデンタイム

キッチンにおすすめのハーブ

チャイブ

イタリアンパセリ

バジル

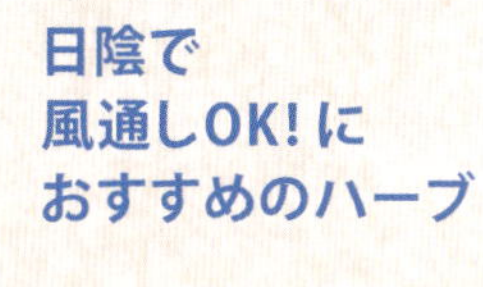

日陰で風通しOK!におすすめのハーブ

レモンバーム

ペパーミント

ワイルドストロベリー

室内環境を整える道具を揃える

室内で快適にハーブ栽培をするためにおすすめの道具を紹介します。

小さめの鉢

室内では限られたスペースに置くため、小さめの鉢を使いましょう。インテリアとしての役割も大きいので、雑貨としてもおしゃれな素材や、スタイリッシュな光沢感のあるものがおすすめです。

口が細いジョウロ、霧吹き

口が細いジョウロを使えば、室内での水やりでも鉢以外の場所に水がこぼれてしまう心配がありません。小さめの霧吹きも使いやすくておすすめ。乾燥する季節には水場で葉にも霧吹きをかけてあげましょう。

鉢皿

鉢底から水や土がこぼれて室内を汚してしまわないように、必ず鉢皿をセットしましょう。水やりをした後、皿に溜まった水は捨てるようにします。市販の鉢皿だけでなく、缶のふたや食器でも代用できます。

ガーデンシート

園芸シートとも呼ばれます。室内でハーブの手入れや植え替えなどをするときに便利。土で床を汚す心配なく、作業をすることができます。小さいサイズで四隅をボタンでとめられ、深さをつけられるものを選ぶとよいでしょう。

室内の日照不足は人工太陽ライトで解消する

室内は日が当たる時間が短かったり、日が当たらない場所にしかハーブを置けない……ということもあります。そんなときは光合成に有効な光を集中的に照射する、人工太陽ライトを使ってみるのも手。四季に合わせて日照時間を設定できる便利なタイプもあります。

Check!
室内栽培を失敗しないコツ

次のことを実践すれば、室内でも上手にハーブを育てることができます。

- □ 置く場所の環境に合わせてハーブを選ぶ
- □ インテリアとしておしゃれに見える鉢を選ぶ
- □ 水やりや手入れのときに便利な道具を用意する

センスのよい飾り方をマスター
おしゃれに飾るには統一感が大切

室内でハーブをおしゃれに飾るためには、家具、インテリアの素材や色と統一感のある鉢やアイテムを使うことが大切です。それだけで、部屋の印象の8割は決まるといってもいいほど。あとは、窓辺なら窓枠のラインに合わせたり、空間使いを意識。リビングならインテリアとして細部までコーディネートしましょう。キッチンなら作業の邪魔にならないように小さく飾るとセンスよくまとまります。

窓辺では横ラインと空間映えを意識する

窓の形状を活かしたり、空間演出を意識するときれいに飾れます。ただし、窓を大きく遮ったり、窓を開閉するときに邪魔になる置き方は避けるようにしましょう。

横長のコンテナで寄せ植え風に

窓の底辺に沿って横長のコンテナを置き、横ラインを強調するとすっきりまとまります。コンテナの中にいくつかのポットを入れて寄せ植え風に飾れば、ハーブの手入れや入れ替えも楽です。

ハンギングバスケットで空間を演出

ハンギングを窓辺に吊るすと、空間演出ができておしゃれな雰囲気になります。ひとつだけ吊るすならインパクトのあるものを。何連かになっているものなら、小さなものでかわいらしく飾りましょう。

リビングではインテリアとしての完成度を高くする

部屋の雰囲気に合う鉢を選んだり、カバー、スタンド、クロスなどを活用してインテリアの一部としてコーディネートしましょう。

ガラスとレースは相性◎

ガラスの器にハーブを活けて水栽培したり、鉢ごと入れて飾りましょう。器の下にレースのクロスやドイリーを敷いて飾るとかわいらしい印象になります。

カゴに入れて飾る

カゴにハーブの葉や花をさりげなく入れてみましょう。素材が籐ならナチュラルやアメリカンカントリーな雰囲気に、ワイヤーならフレンチカントリーやモダンな雰囲気を作れます。

フラワースタンドで高低差を出す

床置きする場合、フラワースタンドを使って高低差をつけ、インテリア性を持たせるとおしゃれに飾れます。素材がブリキやアイアンならアンティークに、木製ならナチュラルな雰囲気になります。

キッチンではキッチンアイテムとの統一感を出す

シンクまわりや調味料スペースなどに飾ります。キッチンにある器を使い、キッチンハーブだけを飾ると統一感が出ます。

空き缶、空き瓶で調味料のように飾る

空き缶や空き瓶などを利用してハーブを飾ると、ポップでかわいらしい印象に。輸入食料品の英字缶詰や瓶を使えばよりおしゃれになります。

食器を使ってさりげなく飾る

キッチンでは小さなものをさりげなく飾るのがコツ。ココットやティーカップ、ミルクピッチャーなどを使って育ててみましょう。

Check!
室内でのおしゃれな飾り方

おしゃれに飾るコツを押さえて室内栽培をより楽しみましょう。

- [ ] 家具やインテリアのテイストに合わせて、鉢の素材を選ぶ
- [ ] 窓辺はラインと空間を活かす
- [ ] リビングはインテリア性を重視したアイテムを使う
- [ ] キッチンはキッチンアイテムと統一感を持たせる

使い方、花姿を調べておこう
ハーブは目的に合わせて選ぶ

たくさんのハーブの中から何を育てるか迷ってしまうことがあります。そんなときは、何を目的として育てるのか考えてみましょう。例えば、料理に使う場合はキッチンハーブ、インテリアグリーンとしての観賞用なら葉がきれいで香りがよいもの、花を楽しみたいなら存在感のある美しい花がたくさん咲くものを選びましょう。自分の目的に合わせてお気に入りのハーブを見つけてみてください。

Point

料理用にはすぐに食べられるキッチンハーブを選ぶ

育てやすく、料理によく使うキッチンハーブを紹介します。

イタリアンパセリ

平葉のパセリ。縮れ葉のものより風味や香りがやわらかく、苦味が少ないのが特徴。

スープセロリ

セロリよりも生長が早く、香りも強いハーブ。サラダやスープに利用します。

スイートバジル

スパイシーなピリッとした味と香り。トマト料理と相性がよいハーブです。

チャイブ

細かく切って料理に加えればネギのような風味に。ビタミンCと鉄分が豊富。

フェンネル

魚料理の臭み消しに最適。ソースやドレッシングの素材としても使えます。

ローズマリー

肉、魚の風味づけに使います。殺菌、酸化防止、脂肪の消化促進の作用があります。

インテリアグリーン用のハーブは葉の色形で選ぶ

葉の色形が美しくインテリアグリーンとして飾るのに
最適なハーブを紹介します。

ゼラニウム

ギザギザとしたかわいらしい葉です。 品種によってその形、色はさまざま。

レモンバーム

レモンの香りがする葉は、黄緑色で見た目にも清涼感を感じさせてくれます。

アップルミント

葉の縁に白または淡い黄色の模様が入っています。アップルのような香り。

部屋には花がかわいいハーブを選ぶ

かわいい花が咲き、部屋や
ベランダを彩ってくれる
おすすめのハーブを紹介します。

スイートバイオレット

香りがよく、かわいらしい印象のハーブ。紫、黄、白、ピンクなどの花が咲きます。

ナスタチウム

赤、黄、オレンジに咲く丸い花びらはインパクトあり。一重咲きと八重咲きがあり、食用にもなります。

カモミール

マーガレットを小さくしたような花が咲きます。花のつけ根はリンゴのような香りがします。

Check!
目的を持ってハーブを育てる

ハーブ選びに迷ったときは、ハーブを使う目的、用途を考えてみましょう。

- ☐ キッチンハーブは料理でよく使うものを選ぶ
- ☐ インテリアグリーンは葉の色形、香りで選ぶ
- ☐ 花が楽しみたいなら、花の色形で選ぶ

12

芳香を目的にして楽しむ
香りで選んでハーブを育てる

ハーブの香りを楽しみながら育てたいという人は、香り別にハーブを選んでみましょう。甘い、フルーティ、さわやか、個性的などさまざまな香りを持った品種があります。単品はもちろん、違う香りをミックスして寄せ植えすれば、オリジナルの香りを楽しむことができます。部屋やベランダに置くだけでほのかな香りを楽しむこともできますが、葉や花を指で触るとさらに強く香りを感じられます。

甘い香りがするハーブ

甘い香りがする代表的なハーブを紹介します。

ローマンカモミール

葉、茎に青リンゴのような甘い香りがあります。

ローズゼラニウム

葉からローズのような気品ある香りがします。

アップルミント

葉が淡いリンゴのような香りを持つミントです。

スイートバイオレット

花の部分が甘く、優雅な芳香のするスミレです。

ヘリオトロープ

花が咲くとチェリーパイのような甘い香りが漂います。

アップルゼラニウム

小さく、形のかわいい葉はリンゴの甘い香りが香ります。

さわやかな香りがするハーブ

さわやかな香りがする代表的なハーブを紹介します。

レモンバーム

レモンの香りのする葉は、生でもドライでもハーブティーにおすすめ。

ラベンダー

葉にも香りがありますが、特に花に癒しの香りがある人気のハーブです。

スペアミント

葉にスーッとした、さわやかな香りがあります。

虫除けになるハーブ

植えておくと虫除けに効果的な香りを持つ代表的なハーブを紹介します。

ゼラニウム

蚊が嫌う香りを持っていて、虫除け草という名前でも売られています。

ローズマリー

スーッとした清涼感のある香りで、虫除け効果があるとされています。

ラベンダー

防虫、抗菌作用があります。ドライにしてサシェにすれば、衣類の防虫剤にもなります。

Check!

香りでハーブを選ぶコツ

甘く、心が落ち着く香り、さわやかで爽快感のある香りでハーブを大別し、選んでみましょう。

- ☐ 甘い香りは
  ローマンカモミール、
  ローズゼラニウム、
  アップルミントなど
- ☐ さわやかな香りは
  レモンバーム、ラベンダー、
  スペアミントなど

はじめてでも失敗しないハーブ選び
シソ科、多年草は素人でも育てやすい

ハーブは日当たりと土、風通しさえ気をつければ基本的に手軽に育てられる植物です。その中でも簡単に育てられるものを選びたいときには、科目と開花期に注目しましょう。シソ科の多年草・低木なら水や日光が多少少なくても丈夫に育ちます。また、開花期が長いものを選びましょう。園芸店でタグや袋の裏を見れば科目や開花期が記載されているので、チェックして購入しましょう。

シソ科・多年草・低木で開花期が長いものを選ぶ

育てやすいハーブとは、丈夫で生命力が強いもの。
シソ科や多年草、低木と開花期が長いものがおすすめです。

シソ科・多年草・低木を選ぶ

シソ科のハーブは丈夫なため、少々のことでは枯れません。さらに、多年草・低木は、地上部が枯れてしまっても根が生きていればまた芽が出てきます。

開花期が長いものを選ぶ

開花期が長いハーブは丈夫で生命力が強いものが多くあります。長い期間花を楽しめるので、ハーブを育てるのがはじめての人も飽きずに栽培できるでしょう。

初心者におすすめのハーブ

初心者でも簡単に育てられて、
種や苗が入手しやすいハーブを
紹介します。

セージ

シソ科の常緑低木。種類によって開花期が長いものもあります。暑さ寒さに強く丈夫。

タイム

シソ科常緑小低木。耐寒性がある種類が多く、挿し木、株分けで簡単に増やせるのが特徴。

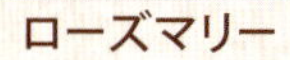

ローズマリー

シソ科の常緑小低木。開花期は９月中旬〜７月初旬頃と長く、丈夫で病害虫の発生も少ないハーブです。

ペパーミント

シソ科の多年草。半日陰でも育ち、耐寒性があります。根と茎は丈夫で繁殖力が強いのが特徴です

レモンバーム

シソ科の多年草。生育が早くて育てやすいです。耐寒性があり、高温多湿にも強いのでおすすめ。

バジル

開花期は７〜10月。種からでも育てやすいです。丈夫で葉をどんどん収穫することができます。

Check!

育てやすいハーブの特徴

素人でも育てやすいハーブの特徴を知っておきましょう。

- □ シソ科・多年草・低木
- □ 開花期が長い

14

水やり過多に注意
土の表面が乾き、白くなったら水をやる

水やりは水分を与えるだけでなく、土中の肥料を水に溶かして吸収させたり、酸素を送り込んだりする役割があります。そのため、適度な量とタイミングが大切。水をやりすぎて常に土が湿っていると、根腐れをおこしてしまいます。ハーブは乾燥気味を好むものが多いので、土の表面が乾いて白っぽくなってきたら水やりをするのがよいでしょう。水の量は鉢底から少し流れ出る程度が目安です。

Point

水やりは鉢底から少し流れ出る程度の量にする

水やりは季節、置かれている環境、鉢の大きさによって異なります。基本を押さえて間違った水やりをしないように気をつけましょう。

日常

日々の水やりでは次の3つのポイントを押さえておきます。

●タイミング

2日に1回程度。土の表面が乾いて白っぽくなってきたとき、ハーブが少ししおれてきたら水やりをしましょう。

●水やりの時間

夏と冬以外は基本的にいつ水やりをしてもOKですが、朝か夕方がよいでしょう。

●水の量

土中に水が十分に行き渡り、鉢底から少し流れ出る程度にたっぷりと。普段は乾燥気味にしておきます。

シーン別

植えつけ後や夏と冬の水やりは、下記の点に気をつけましょう。

●植えつけ直後

植えつけたら、水をたっぷり与えます。根が定着する2週間ぐらいまでは、しっかりと水やりをしましょう。

●夏

毎日。気温が高いときにすると葉や茎が蒸れてよくないので、夕方か早朝にしましょう。室内ならいつでもOK。

●冬

週に1回程度。土が凍ってしまうので暖かい午前中に行うのが適切です。室内なら暖房をつけている午前中に。

水やりは根元や土にやる

水やりに使用する道具と水やりの方法をまとめました。
ポイントを確認しておきましょう。

霧吹き

ときどき葉に霧を吹いて葉水を与えます。空気中の水分が乾燥しているときに水分を補う、ホコリを洗浄する効果があります。冬は土と葉の両方だとやり過ぎになるので注意しましょう。

ジョウロ

土の表面が乾いて白っぽくなってきたら水やりをする合図。茎や葉に水が溜まると蒸れてハーブが傷んでしまうので、ジョウロを使って根元や土に水をかけるようにしましょう。

鉢皿

鉢底から少し水が流れ出る程度に水をやります。水が溜まったままだと根腐れの原因になり、衛生的にもよくないので、溜まった水は捨てましょう。

水やり時に追肥をしよう

水やりをするとき、ときどき追肥も一緒に与えてあげましょう。
鉢植えの場合、土の量が限られているため、元肥だけではどうしても肥料が不足しがち。水やりのときに液肥を与えるなどして、追肥をする必要があります。ただし、ハーブの種類によっては肥料を与えすぎてしまうと香りや味が薄くなってしまうものもあるので、あらかじめどのような肥料がどのぐらいの量必要なのかを調べておきましょう。

Check!
水やりのコツ

水はあげすぎてもハーブを傷めてしまいます。適切な方法を覚えておきましょう。

- □ 水のやりすぎは厳禁。土の表面が乾いてきてからあげる
- □ 水やりは鉢底から少し流れ出る程度で普段は乾燥気味に
- □ 夏は夕方か早朝、冬はあたたかい午前中に水やりをする

長期旅行や帰省時もこれで安心
留守にするときは乾燥対策をする

期留守にして水やりができないときは、葉からの蒸散と土の表面からの蒸発をおさえることと、自動的に給水がされるような仕掛けをしておきましょう。蒸散をおさえるためには、風が当たらない明るい日陰へ鉢を移動させます。蒸発を防ぐためには、土の表面をピートモスなどで覆っておきます。また、自動灌水器が市販されているので利用してみるのもよいでしょう。

Point

たっぷりと水やりをしておけば 1 週間程度は OK

1週間留守にする程度なら大がかりな対策は必要ありません。

たっぷりと水をやっておけば OK

出かける直前に、水を鉢底から流れるほどたっぷり与えておくだけで大丈夫です。ただし、鉢皿に溜まった水は根腐れをおこすので捨てましょう。

風が当たらない明るい日陰へ移動

風や日光が当たる場所では蒸散、蒸発がどんどん進んでしまいます。風が当たらない明るい日陰へ鉢を移動させて、なるべく水分が失われないようにしましょう。

夏場は給水器が安心

夏場や水切れに弱いハーブの場合は市販の自動灌水器をセットしておくと安心です。1週間程度ならペットボトルを利用した簡易的なもので十分です。

長期留守にするときは、蒸散、蒸発対策を徹底する

数週間以上留守にするときは、
ハーブにひと手間加えておくことが必要です。

ピートモスで覆う

水をたっぷりとやった後、湿らせたピートモスや新聞紙で土の表面を覆い、風が当たらない明るい日陰に鉢を移動させておきます。素焼きの鉢は、鉢の表面も覆っておくとさらに◎。

給水器を使う

自動灌水器を購入して土に挿しておけば1ヶ月以上留守にしても安心。数週間程度ならペットボトルを利用した簡易的な灌水器でも代用できます。

枝先をカット

葉が多い種類のハーブは、葉からの蒸散を押さえることがポイント。伸びた枝先を少し切り詰め、鉢を風が当たらない明るい日陰に移動させましょう。

枯れてしまったら水に浸けておく

枯れてしまったように見えてもあきらめるのはまだ早い！ 蘇生措置をしてみましょう。
ハーブは生命力が強いものが多いので、たっぷりの水（鉢底から水が流れる程度）を3回以上続けてやるか、鉢を水に浸して30分程度置いておくと元気を取り戻します。枯れて再生しないように見えても、茎を1～2cm残してたっぷりと水やりをしておくと、数日後に新芽が出ることがあります。

Check!

留守中の水やり対策

長期間留守にするときの水やり対策を覚えておきましょう。

- [ ] 風が当たらない明るい日陰に鉢を移動させる
- [ ] 土の表面を湿らせたピートモスなどで覆う
- [ ] 自動灌水器を利用する
- [ ] 枝先を切り詰めておく

ハーブが最も成熟している時期
葉は開花直前が収穫のタイミング

ハーブは部位によって、収穫時期が異なります。葉や茎を収穫するときは、開花前に行います。開花後は花に栄養分が取られてしまうため、葉や茎に栄養分が残っているこの時期に収穫するのがベストです。また、花は開花直後から2～3日の間、精油成分が十分残っているうちに収穫します。料理やハーブティーに利用するときは、使うたびに新鮮なものを収穫しましょう。

Point
利用目的に合わせて収穫する

葉や茎は開花前、花は開花直後から2～3日の間が最も成熟している時期。収穫は利用目的に合わせて、ベストなタイミングで行いましょう。

すぐに利用するとき

フレッシュハーブを料理やハーブティーに利用するときは、使うたびに新鮮なものを摘みましょう。ただし、苗が小さいうちに収穫しすぎると枯れてしまったり、生長が悪くなることがあるので、ある程度育ってから収穫します。ハーブの生長のバランスをみながら摘み取りましょう。

保存用に収穫するとき

保存用に葉を大量に摘む場合は、葉や茎が最も成熟している最盛期に行います。ポプリ用なら花が咲ききらないとき、ドライフラワー用なら満開になったときがベストです。花が咲いて時間がたつと葉の精油成分が減り、香りが薄れてしまいます。刈り取りは、2、3日晴天が続いた日の午前中に。

部位に合わせた方法で収穫する

葉・茎と花の適切な収穫方法を
覚えておきましょう。
収穫は手でちぎるのではなく、
ハサミを利用します。

葉・茎

一般的には茎の先端部分を摘心で収穫し、その後は脇の枝を摘心したり、小枝ごと切り取り、全体の形のバランスを考えながら収穫していきます。タイムやローズマリーなど生長が早いハーブは、剪定の要領で枝が多く茂っている箇所を切り取ります。

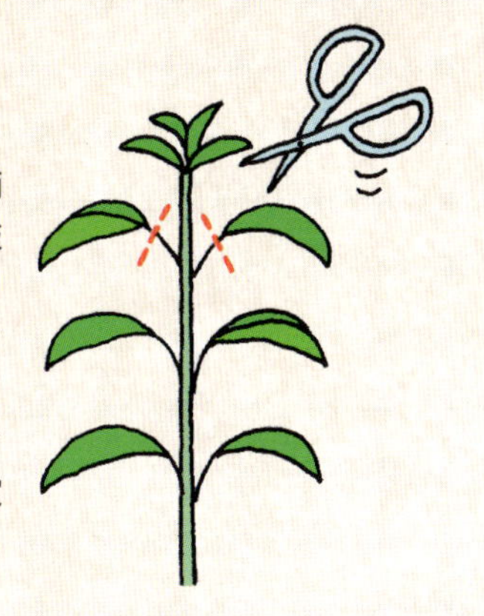

花

生食用には開花直後で形のよいものを、ドライフラワーにするなら満開になったものを、ポプリにするなら花が咲ききらないものを、花の少し下で切り取って収穫します。ほかのつぼみを傷めないようにひとつひとつ丁寧に。

ココに注意

用途に合わせて保存法を変える

使用用途に合わせて保存方法を使い分けましょう。

料理用

収穫後、すぐに水でさっと洗います。ドライ保存をする場合は水気を取って風通しのよいところで自然乾燥させ、密閉容器に入れて冷蔵庫の野菜室へ。冷凍保存する場合は、水気を取ってフリーザーバッグなどに入れて冷凍庫で保存します。そのほか、オイル漬けにする方法もあります(P.78参照)。

ドライフラワー、ポプリ用

茎つきのものは茎を輪ゴムで束ねて、風通しのよい日陰に逆さに吊るしておきます。花だけのものはざるなどに紙を敷いて重ならないように広げ、風通しのよい場所で陰干しをします。花色をしっかり残したい場合は、エアコンの風やドライヤーを利用して短時間で乾燥させるとよいでしょう。

Check!

収穫に適切な時期と方法

収穫にベストな時期と収穫方法を覚えておきましょう。

- [ ] 料理やハーブティーに利用するものはその都度摘む
- [ ] 保存用の葉は成熟した最盛期に収穫する
- [ ] 花は生食用なら開花後、ドライにする場合は満開時に摘む
- [ ] 葉や茎は、摘心か剪定の要領で収穫する
- [ ] 花は少し下の位置で切り取る

元気に美しく育てる
見た目が悪くなったら剪定をする

葉を摘心していなかったり、葉がなくなった枝をそのままにしておくと見た目が悪くなっていきます。そんなときは、剪定をして形を整えましょう。まず、老化した枝や弱っている枝を剪定します。次に、込み合った枝、伸びすぎた枝を剪定して形を整えます。日ごろからこまめに摘心していれば、わき芽が伸びてこんもりときれいな形に生長してくれます。

Point

仕立て直しで見栄えをよくする

切る枝の選択や、切り方のコツを押さえて仕立て直しをしてみましょう。

枯れた枝、葉をハサミで切って取り除く。

長く伸びすぎた茎を切る。残した茎に葉が残るように。

込み合った葉はつけ根の辺りで切り取る。

仕立て直しが終わったら、わき芽の生長を促すために肥料を施す。

日ごろから管理を心がけよう

見た目が悪くなってしまわないように
日ごろから心がけておきたい
管理法を紹介します。

摘心

枝先を切り取ること。脇から新芽が出て形がよくなります。花や実がよくつくようになります。

剪定

必要のない枝を切り取ること。風通しや採光がよくなり、花や実が育ちやすくなります。

切り戻し

伸びた枝を全体の半分ぐらいまで短く切り込むこと。元気な新芽が伸びて、花つきがよくなります。

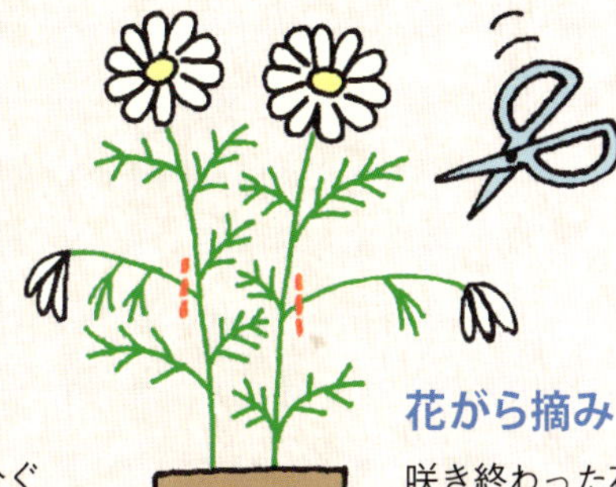

花がら摘み

咲き終わった花をつけ根で切り取ること。葉の生長がよくなり、新たな花も咲きやすくなります。

枯れてしまったときの再生法

枯れてしまったときは次のような再生方法を試してみましょう。

シーズンが終わって枯れてしまった多年草や低木の場合、根元を少し残して切り取り、肥料を施して暖かい場所へ置いておけば新たな芽が出てきます。株が大きくなりすぎて枯れてしまった場合は、植え替えや株分けをすればまた元気に生長します。

Check!

仕立て直しのコツ

見栄えをよくする仕立て直しの方法を覚えておきましょう。

- □ 剪定、切り戻しをして整枝する
- □ 摘心を心がける
- □ 花がら摘みをする

大切なハーブを守る
病気・害虫予防は自然農薬を使う

収穫後のハーブは安心して利用したいもの。病害虫が発生しても、農薬は使いたくないという人も多いでしょう。それには、日ごろから手入れ、予防が大切です。日照や温度の不足、湿度や肥料の過多、風通しの悪さ、傷んだ葉や枯れ葉の放置などが病気の原因を作ります。病気が発生してしまったら、株ごと抜き捨てたり、被害部分を切り取りましょう。害虫予防には安全な自然農薬が効果的です。

代表的な病気と対処法を押さえておく

ハーブに発生する代表的な病気と
その対処法を覚えておきましょう。

うどんこ病

新芽や若葉などにうどん粉のような白いカビが生える病気。土中の窒素分が過多になるとかかりやすくなります。病気になった部分を取り除き、窒素肥料を控え、カリ肥料を多めに与えましょう。

灰色カビ病

茎や葉は溶けるように腐り、花は赤や白の斑点が生じて腐り、灰色のカビに覆われます。風通しと日当たりをよくし、乾燥気味にすることで予防できます。発病したら病気の箇所を取り除きます。

立ち枯れ病

苗が育たずに、根元から崩れて倒れてしまう病気。原因となる菌は土に潜んでいるので日光消毒した清潔な用土を使いましょう。 病気にかかってしまったら新しい苗に植え替えるしかありません。

Check!

病害虫の対処のコツ

病害虫が発生したときの安全な
対処法を覚えておきましょう。

- □ 病気の発生を防ぐためには風通し、肥料の過多などに注意する
- □ 発病したら株ごと抜き捨てたり、被害部分を切り取る
- □ 虫の駆除には自然農薬を使用する

害虫は自然農薬法で駆除する

牛乳や焼酎、唐辛子、にんにくなどを使った自然農薬で
害虫を駆除しましょう。

ハーブにつく主な害虫

●アブラムシ

若い葉の裏や新芽に群生して葉の汁を吸う虫。ハケなどで払い落としたり、手でつぶすなどして捕殺します。予防は、牛乳や焼酎を水で薄めたものをスプレーで散布すると効果的です。

●ハモグリバエ

幼虫が葉の中に入り込んで食べ、白い線が葉に浮き出ます。被害を受けた葉は取り除き、唐辛子をお湯で煮出した唐辛子液や、すりおろしたにんにくを水に入れて濾した液を薄めて散布すると効果的。

●ハダニ

葉の裏に発生し、汁を吸う虫。葉の色が抜けてホコリっぽくなったようになります。木酢液を薄めて散布すると予防できます。被害にあったら牛乳やにんにく液を水で薄めたものを散布します。

いろいろな虫除けスプレー

●牛乳スプレー

牛乳をそのまま、または水で2倍に薄めたものをアブラムシなどに直接スプレーする。

●にんにくスプレー

にんにくのすりおろし1片、とうがらし2本、酢1ℓを煮出して抽出した液をスプレーする。

●ハーブスプレー

タイム、セージ、ラベンダーなどの防虫効果を持つハーブを煮出し、冷ましてから水で薄めてスプレーする。

エッセンシャルオイルで虫除けスプレーを作ろう

ハーブだけでなく、私たち人間の虫除けスプレーを作ることもできます。

● 準備するもの

無水エタノール ……… 3mℓ
エッセンシャルオイル
…………………… 10滴
精製水 …………… 50mℓ
遮光性のスプレーボトル

●おすすめの
…エッセンシャルオイル

・ラベンダー
・ゼラニウム
・レモングラス
・ユーカリ
・シトロネラ

1. スプレーボトルに無水エタノールを入れる。

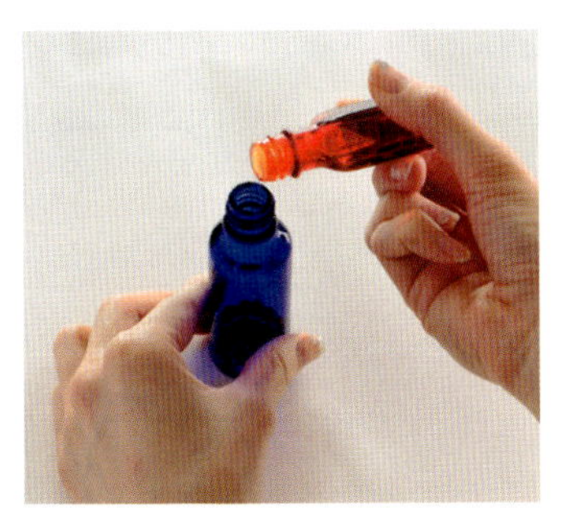

2. 1にエッセンシャルオイルを加える。

3. 2に精製水を加える。よく振ってから使用する。1ヶ月を目安に使い切る。

19 生長に合わせて鉢を変える
植え替えをして丈夫な株に生長させる

鉢 栽培では、苗よりひとまわり大きな鉢で植えつけ、生長に合わせて鉢を少しずつ大きくして植え替えていくと、しっかりとした株に育ちます。特に生育の旺盛なハーブは、根詰まりをおこしがちなので、1年に1回秋か春に植え替えをしましょう。ただし、ハーブによっては植え替えを嫌う種類もあるので、そのときは根鉢をなるべく崩さないで植え替えするように気をつけましょう。

植え替えで害虫駆除や養分の補給ができる

植え替えにはさまざまなメリットがあります。
植え替えのタイミングを押さえておきましょう。

植え替えのメリット

- しっかりとした株に生長します。
- 土の中に潜む害虫を駆除できます。
- 養分をたっぷり含む土を補えるので、その後の生長がよくなります。

植え替えのタイミング

- 下葉が枯れる、葉が茶色くなるなどして生育が悪くなってきたとき。
- 鉢の中で根がいっぱいになり、鉢底から出ているとき。
- 生長が早いものは1年に1回、遅いものは2年に1回程度、春か秋に。

鉢から取り出せないときには、鉢と根鉢の間に薄いパレットナイフやスコップなどを差し込んで隙間を作ればOK。

植え替え後の注意点

- 植え替えた後はたっぷりと水を与えます。
- 植え替え後は、新しい土と根が馴染むまで2～3日は日陰に置きます。
- 2～3日置いたら、日当たりのよいところへ移動させますが、強い日差しは避けましょう。

植え替えの方法

植え替えの仕方をマスターして、春か秋に実践してみましょう。

1. 植え替え用には現状の鉢よりひとまわりかふたまわり大きな鉢を準備する。

2. 鉢底に鉢底ネットを敷いて鉢底石を入れる。

3. 株を置いたときの高さを考えながら培養土、肥料、培養土の順に入れる。

4. 植え替える株を鉢から取り出す。株元を支えるようにして取り出すとスポッと抜ける。

5. 根鉢の底についた赤玉土をはずし、傷んだ根や長い根を切り詰めて⅔ほどの大きさにする。

6. 株を中央に置き、培養土でまわりを埋めて、ウオータースペースを作る。たっぷりと水を与える。

大きくしたくないときは株分けをする

鉢を大きくしたくないときは、株分けをしましょう。
株や根を切り分け､株分けをして植え替えます。鉢に適した根鉢になり、株も風通しがよくなるので生長を活性化できるだけでなく、株を大きくしないで増やして楽しめるというメリットがあります。

Check!
上手に植え替えをするコツ

植え替えをするときは、次の点を押さえておきましょう。

- □ 1年に1回または2年に1回植え替えをする
- □ 春か秋に行う
- □ ひとまわりかふたまわり大きな鉢に植え替える
- □ 根を整理して培養土を補給する

上手なレイアウトを考える第一歩
ベランダの環境をチェックする

ベランダを上手にレイアウトするには、環境チェックから始めましょう。日照時間、風通し、湿度などの環境を確認することはもちろん、生活スペースの確保や室外機、非常用口、排水口の状況を確認して機能的に配置します。室内から眺めてみるとイメージしやすくなります。スペースが少ない場合でも段差をつけて配置すれば、景観がよい上、日当たりを調整できたり水やりがしやすくなります。

生活スペースを確保しながら機能的に配置する

普段何気なく使っているベランダを、
ハーブ栽培の観点で
チェックすることが大切です。

日照
日照時間がどのくらいなのか、どの位置が日当たりがよいか、半日陰になるかなどを確認しておきましょう。

物干しスペース
洗濯物干しや布団干しに支障がでないように必要なスペースを確保しておきましょう。

排水口
きちんと排水が流れる状態になっているか、隣や階下にゴミや水漏れの迷惑をかけていないかをチェックします。

非常用口
非常用口や避難用の設備の近くには鉢や道具を置かないようにしましょう。

エアコンの室外機
室外機の排気が当たる位置を確認しましょう。排気はハーブを傷めてしまいます。排水がかかる位置もNGです。

風通し
ハーブは風通しのよいところを好みます。フェンスの隙間をふさいでしまわないように注意。

レイアウトは室内からもチェックする

離れて眺めてみると気づくことがたくさんあります。
室内からも見るようにしましょう。

生活スペースの確保

洗濯物を干したり、布団を干したりするスペースはちゃんと確保できているか、移動ルートにも支障がないかなど室内からも確認しましょう。

室内からの景観

せっかくハーブを育ててもベランダに出ないと全然見えないのではもったいない。室内からも眺めて楽しめるように、置く位置や向きを考えましょう。

段差をつける

花台、はしご、吊り鉢を利用して立体的に配置をすると室内からの眺めがよくなります。

●高いところ
背丈の低いものや、小さなポットは高い位置に置くと存在感が出てきれいに見えます。

●低いところ
背丈の高いものや、大きなポットは低い位置に置くと安定感があり、見た目もきれいです。

ベランダ栽培に向いているハーブを選ぶ

ベランダで季節に合わせたハーブを育てましょう。代表的なものは次の通りです。

春・秋（植えつけ）

ポットマリーゴールド
ジャーマンカモミール
マロウ
ラベンダー
レモンバーム
セージ
ミント

夏（収穫）

ラベンダー
レモングラス
レモンバーベナ
バジル

冬（収穫）

ローズマリー
コンフリー
アロエ
スイートバイオレット

Check!

ベランダのレイアウトのコツ

限られたスペースでも上手に、きれいにレイアウトしましょう。

- □ ベランダの環境を把握した上で配置する場所を決める
- □ 生活スペースを確保する
- □ 立体的に配置することで空間を活かす
- □ 室内からの景観も大切にする

21 高温多湿、寒さは大敵 梅雨・夏・冬は万全な対策が必要

多くのハーブは、地中海沿岸、ヨーロッパが原産地です。これらの地域は夏は雨が少なくカラッと涼しく、冬は比較的温暖な気候です。そのため、ハーブは日本の高温多湿に弱く、寒さに弱いものが多いので、梅雨、夏、冬の管理の仕方がとても重要となります。梅雨は蒸れを防ぎ、夏は日よけなどで暑さをやわらげます。冬は室内で管理するのがよいでしょう。

ハーブの原産地に近い環境を作る

地中海沿岸、ヨーロッパの気候に近い環境を作ることで梅雨、夏、冬もハーブを上手に育てましょう。

夏　地中海沿岸、ヨーロッパの夏は雨がほとんど降らず、涼しくて乾燥気味の気候です。風通しのよい、日陰で育てましょう。

冬　地中海沿岸の冬は温暖で雨が多め。日本では、耐寒性のないハーブは冬の冷え込みと乾燥対策が必要です。室内で育て、適度に葉水をしましょう。

風通し　ハーブは風通しがよいところを好みます。特に夏は風通しのよい、涼しいところで育てるように心がけましょう。剪定して風通しをよくします。

湿度・温度　地中海沿岸やヨーロッパは湿度が低く、カラッとした気候です。多湿な日本の梅雨や夏の時期は、蒸れを防ぐ湿度対策が必要です。また、ハーブの生育適温は10～25℃。温度管理ができる室内で栽培したり、日除けや防寒の対策をして温度を調整しましょう。

季節ごとに手入れ法を変える

梅雨、夏、冬でも元気のよいハーブに育てるための栽培のポイントを覚えておきましょう。

梅雨

●枝をカット

雨や多湿による蒸れや病害虫被害を防ぐために、こまめに剪定をして風の通りをよくします。

●鉢を移動

土が常に湿った状態だと根腐れをおこします。雨がかからない場所や室内に鉢を移動させましょう。

夏

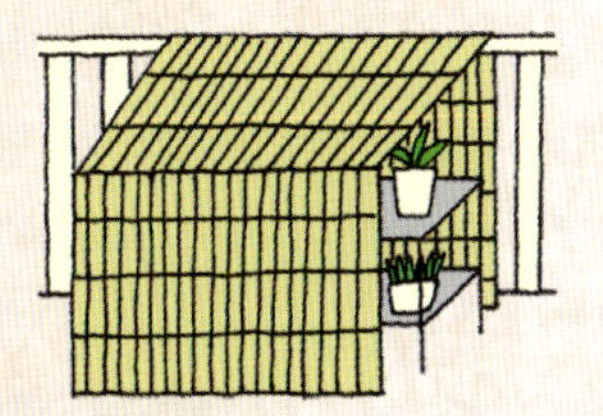

●日よけをつける

直射日光を遮る日よけをつけましょう。簾など風通しのよいものがおすすめです。

●レンガの上に置く

ベランダはコンクリートからの照り返しがあります。鉢の下にレンガなどを敷いて、熱がこもらないようにしましょう。

冬

●室内に取り込む

冬の間、耐寒性のないハーブは室内に取り込んでおきましょう。乾燥を避けるため、ときどき葉水をします。

●ビニールで覆う

鉢を室内へ移動できない場合は、透明なビニールで覆って、冷たい外気から守ってあげましょう。

Check!
季節ごとの管理のコツ

梅雨、夏、冬は管理を万全にしておきましょう。

- [ ] 梅雨は枝を剪定し、雨があたらない場所へ移動させる
- [ ] 夏は日よけとレンガで暑さ対策をする
- [ ] 冬は室内に取り込むか、ビニール袋で寒さ対策を行う

22 おしゃれで快適なベランダに ウッドデッキ・すのこで環境改善

殺風景なベランダも、ウッドデッキやすのこを敷けば、誰でも簡単におしゃれにすることができます。木の温もりやナチュラル感のあるベランダは、ハーブガーデニングにもぴったり。その上、照り返しの防止になったり、通気性をよくしたり、ベランダの劣化を防いでくれるというメリットもあります。持ち上げやすい大きさのものにすれば、掃除や手入れも簡単にできて便利です。

Point コンクリートのベランダを快適な環境に変える

ウッドデッキやすのこを使えば、照り返しの強いコンクリートのベランダも快適な環境にすることができます。

●照り返し予防

ベランダのコンクリートの床は日の照り返しが強く、ハーブを傷めてしまいますが、ウッドデッキやすのこを敷くと暑さをやわらげてくれます。

●通気性がよい

鉢の下にスペースを作ることで、熱がこもってハーブが蒸れてしまうのを防ぐことができます。

ウッドデッキ

ベランダなどに敷きつめられる木材で作られた床のこと。防腐処理がしてあるものを選びましょう。

すのこ

横板に細い板をすきまを開けて打ちつけたもの。主にひのきが使用されます。通気性をよくし、湿気を吸収してくれます。

木の風合いが加わり、おしゃれに飾ることができる

コンクリートのベランダにウッドデッキやすのこを敷くことで、温かみや風合いをプラスすることができます。

見た目がおしゃれに!

殺風景なベランダにも、木が持つ独特の温かさやナチュラル感が加わり、おしゃれに変身できます。

劣化予防

ベランダの床に直接鉢を置くのではなく、ウッドデッキやすのこを敷くことで、床の汚れや劣化を防ぐことができます。

ウッドデッキの置き方アレンジ

●縦に並べる

縦方向に整然と並べると、統一感が出てスタイリッシュな印象になります。

●縦横交互に並べる

正方形のものを縦方向、横方向の交互に並べると、かわいらしい印象になります。

こまめな掃除が大切

ウッドデッキやすのこの下は土や枯れ葉、花がらなどのゴミが溜まりやすいところでもあります。水が溜まると腐食や虫発生の原因にもなります。持ち上げやすいものにして、こまめに掃除できるようにしましょう。

Check!
ウッドデッキやすのこを使うコツ

ウッドデッキやすのこを上手に活用するコツを覚えておきましょう。

- □ 照り返し予防に使う
- □ 通気性をよくするために使う
- □ 持ち上げやすい大きさのものにする
- □ 下はゴミが溜まりやすいので、こまめに掃除する

全体のコーディネートを考える
配置・バランス・素材が大切なポイント

ベランダを心地よいハーブガーデンにするには、おしゃれにみえるコーディネートが大切。ポイントは配置、バランス、素材選び。この３つのポイントに気をつけるだけでベランダの雰囲気が変わります。例えば、配置は高低差をつけてみましょう。草丈は鉢に対して1.5倍の高さにするときれいに見えます。鉢はシンプルなデザインのものを選び、色と素材の統一感を大切にしてください。

鉢の配置方法を工夫する

同じものを並べていても雑貨の使い方や配置を工夫することで、おしゃれにみせることができます。

個性的な台に飾る

イスやステップなど、ガーデニング用品以外の雑貨を使ってもおしゃれにまとまります。

雑貨を一緒に並べる

雑貨やガーデンツールを一緒に配置することでアクセントがついて個性的になります。

ディスプレイ台を使う

限られた空間では、ディスプレイ台を使って高低差をつけるときれいにレイアウトできます。

鉢と草丈のバランスを考える

鉢の大きさとハーブの
草丈のバランスを合わせると
きれいに見えます。

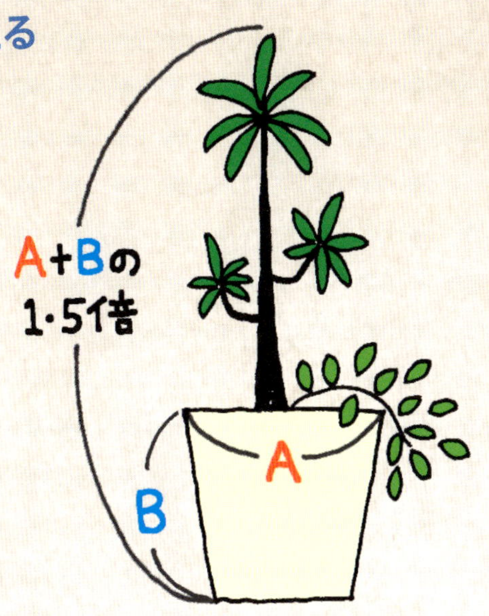

草丈は鉢の大きさの 1.5 倍

バランスよく見える草丈は、基本的に鉢の大きさ（高さ＋直径）の 1.5 ～ 2 倍と考えるとよいでしょう。四角い鉢の場合は、高さ＋長辺の長さの 1.5 ～ 2 倍と考えます。また、丈の高いハーブと一緒に下へ垂れる性質のあるハーブを寄せ植えするとボリューム感が出せます。

色と素材を統一させる

鉢の色と素材選びはコーディネートの
最重要ポイントといっても過言ではありません。

シンプルな鉢を選び、素材ごとにまとめる

ハーブは葉姿がきれいに映えるようにシンプルなデザインの鉢を選ぶのがおすすめ。配置は、鉢の色や素材ごとにまとめてディスプレイするとセンスよくみえます。素焼きのような重厚感のある色の鉢は低い位置に、ブリキのような軽い素材の鉢は高い位置に置くとよいでしょう。

Check!

**ベランダガーデニングの
コーディネートのコツ**

おしゃれにみせるコーディネートのコツを覚えておきましょう。

- □ 配置は高低差をつける
- □ 雑貨やガーデンツールを一緒に並べる
- □ 鉢と草丈のバランスを取る
- □ 鉢の色と素材は統一させる

簡単にできてセンスアップ
アイテム使いでおしゃれにみせる

花台やポット、雑貨などのガーデンアイテム選びをひと工夫すると、栽培スペースがぐっと華やぎます。アイテムにこだわるだけで、大がかりなリフォームをしなくても簡単におしゃれなハーブガーデンのでき上がり。例えば、花台にステップやチェアを、ポットカバーに鳥かごやジョウロを使ってみてください。ハーブを育てることがもっと楽しくなるはずです。

置き方でおしゃれにみせる

吊り下げたり、花台に使うものを替えるだけでおしゃれにみせることができます。栽培場所に合わせて選んでみましょう。

ハンギング

鉢を吊るしたり、デザイン性のあるフックにガーデンツールを飾ったりすると、壁面や空間にもディスプレイでき、いつもと違う雰囲気を楽しめます。

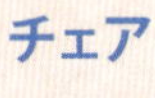

チェア

チェアも花台にしてみましょう。装飾のあるアイアンチェアならエレガントに、木製の小さなキッズチェアならかわいらしい印象になります。

ステップ

脚立としても利用可能なステップに鉢を置いたり、ガーデンツールを吊り下げたりしてみましょう。木製かアンティークなアイアン素材がおすすめ。

個性的な鉢やアイテムを使う

一般的な鉢ばかり並べてもおもしろみがない……という場合は、
個性的なガーデングッズで変化をつけましょう。

鳥かご

かごの中にハーブを入れてみましょう。華奢なアイアンや木製のものがセンスよく飾れておすすめ。葉茎が垂れるタイプのハーブと相性がよいです。

カントリーペイント

木、缶、素焼などにペイントしたツールは温かみがあります。ポップな雰囲気のアメリカンカントリー、ノスタルジックな雰囲気のフレンチカントリーなど、好みで選んで。

ジョウロ

ジョウロもポットカバーとして利用してみましょう。ガーデニングの雰囲気をより演出してくれます。ブリキのジョウロにこんもりと育ったハーブを入れるのがおすすめ。

ブリキ製のポット

欧文がプリントされている缶やブリキ製のポットでフレンチスタイル風に。缶詰タイプやバケツタイプなどがあり、小ぶりなものを複数並べることでおしゃれ感が増します。

木箱

木箱を利用するのも手。箱の中に鉢を詰めて飾ってもかわいいですし、複数を横に立てて並べれば棚として使うこともできます。

ガーデンピック

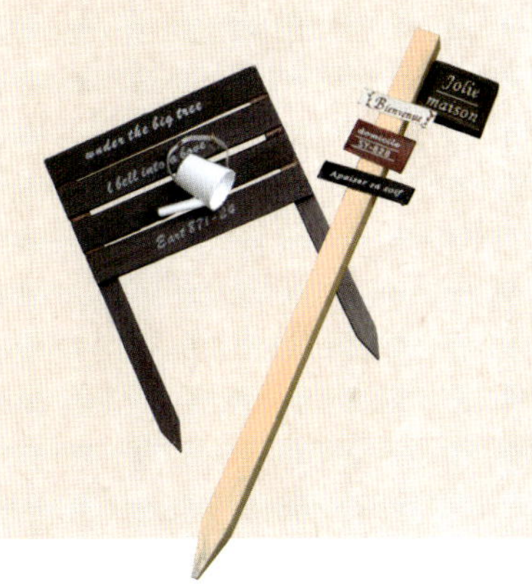

ハーブの名前を表記するだけでなく、装飾アイテムとして飾ってみても◎。さまざまな種類のものが市販されているので、鉢やハーブの大きさに合わせて選びましょう。

Check!
ガーデンアイテムでおしゃれに見せるコツ

アイテムを工夫して使うことで楽しいハーブガーデンが作れます。

- ☐ ハンギングで空間演出をする
- ☐ ステップやチェアを花台として利用する
- ☐ 個性的なガーデンアイテムを使う

階下や隣家への配慮を
ベランダでの水やりはマナーが大切

ベランダでハーブを育てる場合、水やり時に階下や近隣の住人への配慮が必要です。階下に水が垂れて洗濯物や歩いている人にかかることがないようにしましょう。また、マンションのベランダの場合、こぼれた土や枯れ葉、花がらが排水口に流れ込んでしまうと、排水管が詰まってほかの住人にも迷惑をかけてしまいす。排水口にゴミ取りネットを張って、ゴミが流れ込まないようにしましょう。

階下・隣へ水や土を流出させない

水やりで階下や近隣に迷惑をかけることがないように配慮しましょう。

水・土の流出を防ぐ

鉢植えの土にはウォータースペースを作って水やりのときに水や土が飛び出ないようにしましょう。土の表面に水ゴケを敷き詰めておいてもOK。また、こぼれた土は風で飛んでしまうのですぐに掃除するようにましょう。

階下に迷惑をかけない

水がこぼれて階下の洗濯物を濡らしたり、下を歩いている人に水がかかることのないように注意が必要です。ハンギングは床に降ろして水をやる、飛び散るほど勢いよく水をやらないなど対策を心がけましょう。

排水口を詰まらせない

排水口は掃除がしやすいような工夫をしておきましょう。

まわりにものを置かない

排水口のまわりにものをたくさん置いてしまうと、掃除がしにくくなってしまいます。排水口のまわりにはものを置かないようにしましょう。どうしてもという場合でも、目隠し用のプランターをひとつ置く程度にしましょう。

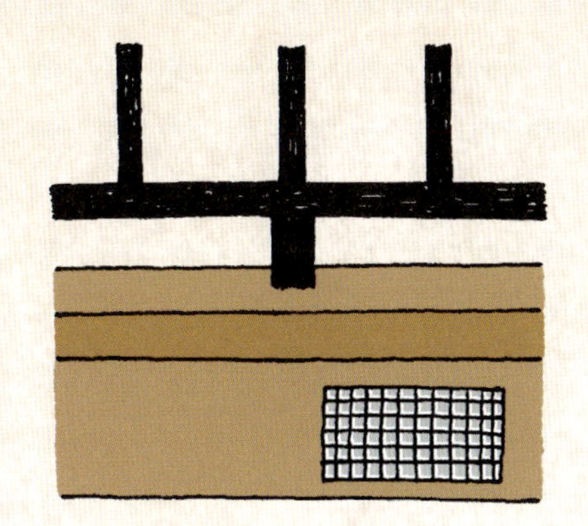

ネットを張っておく

枯れ葉や花がらなどのゴミが流れ込まないように、排水口に台所用ネットを張っておきましょう。ゴミがたまったらネットを取り替えます。マンションで隣とつながっている場合は、隣との境にもネットを設置しておきます。

葉水は雨の日に行う

葉に水をかけるのは、
雨の日に思い切り行いましょう。

病害虫対策には、葉に水をかけることが有効です。しかし、ベランダでは水が飛び散り、階下に落ちる心配があるので、日常的に行うことは控えるのが得策です。葉水は、水が飛び散っても気にならない雨の日に行いましょう。

化粧石を使う

化粧石でゴミが流れ込むのを防ぐことができます。大きめの化粧石を排水溝に敷き詰めておけば水だけが流れ、ゴミをキャッチしてくれるので、排水口にゴミが流れ込むのを防げます。みた目にも風情が出てきれいです。溜まったゴミはこまめに取り除くようにしましょう。

Check!

ベランダでの水やりマナー

水やりをするときに必要なマナーを心得ておきましょう。

- □ ウォータースペースを作り水の流出を防ぐ
- □ ハンギングは床に降ろして水やりをする
- □ 排水口は掃除がしやすいようにしておく

同類を一緒にするのがコツ
寄せ植えは環境ごとに組み合わせる

ハーブを寄せ植えするときのコツは、ハーブの原産地の環境と土壌を考えて、同じ条件下を好むもの同士を組み合わせることです。乾燥した環境を好むもの、ある程度湿気が必要なものといった具合です。寄せ植えしたい株がすべておさまる大きな鉢を準備し、まずは配置を決めてから植えましょう。それぞれのハーブにガーデンピックで名札をつければわかりやすく、インテリア性も増します。

環境を合わせた組み合わせがベスト

ハーブの原産地の環境を踏まえて、同類同士を寄せ植えしましょう。

乾燥気味の環境を好むハーブ

ローズマリー、ラベンダー、セージ、タイム、ゼラニウム、ラムズイヤー、ナスタチウム、ボリジなど

ある程度湿気が必要なハーブ

レモングラス、イタリアンパセリ、カモミール、キャットニップ、コモンマロー、ロケット（ルッコラ）など

ミントは寄せ植えに不向き

ミントは繁殖力が強く、ほかのハーブを枯らしてしまうほど根がはるので、寄せ植えには不向きです。寄せ植えしたい場合は、土の中に仕切りを作りましょう。

目的別に鉢を分けると便利

次にあげるような利用目的別に、ハーブを寄せ植えすると便利です。

キッチン用

お料理やハーブティーに使うキッチンハーブだけを集めたコンテナ。大きな葉のまわりを小さな葉で囲むように植えると収穫しやすくなります。

観賞用

葉の形や模様に特徴がある葉姿が美しいハーブと、かわいい花をたくさんつけるハーブだけを集めたコンテナ。開花時期をずらして組み合わせるとさらに◎。

アロマ用

香りを楽しむためのハーブは、リラックスハーブ、リフレッシュハーブ、甘い香りのハーブという風に香りごとにコンテナを分けると使いやすくなります。

バランスを見て配置する

寄せ植えをするときは、株の大きさや
草丈のバランスをみながら配置を決めましょう。

1. 大きな鉢の中に植えたいハーブのポットを並べて配置を考える。

2. 鉢底にネットを敷き、鉢底石、肥料、培養土を入れる。

3. 大きいものから順に入れ、小さい苗は底に土を足して高さを調整する。

4. 隙間に培養土を入れ、しっかり植えつけてウオータースペースを作る。

Check!
寄せ植えは同類同士で

寄せ植えをするときのポイントを押さえておきましょう。

- □ 同じ条件下を好むハーブ同士を組み合わせる
- □ ミントは殖力が強いため、寄せ植えには不向き
- □ 目的別に寄せ植えのコンテナを作ると便利

ゴミ、道具、余った土……
片づけが楽なディスプレイ型収納が◎

ガーデニングでは、道具を整理したり、土や肥料、ゴミなどをこまめに掃除する必要があります。掃除や片づけを楽に、機能的にするためには、ディスプレイ型収納が便利。おしゃれなグッズを使って収納スペースを作り、ディスプレイするように道具を収納しておきましょう。ラティスフェンスなどで壁面を利用するのもおすすめです。

出しておいてもおしゃれな片づけグッズを置いておく

出しっぱなしにしておいてもおしゃれな片づけグッズを使ってみましょう。

花がらや枯れ葉などをすぐに捨てられるように小さなゴミ箱を一緒に並べておきましょう。ベランダの雰囲気に合ったミニバケツかミニポットがおすすめです。

吊り下げフック

おしゃれなフックにガーデンツールを吊るして収納場所を作りましょう。一緒にオブジェを吊るしてディスプレイすると見栄えがよくなります。

カゴ

小さなカゴを小物入れとして置いておきましょう。深めのものなら少々雑に入れていても気になりません。籐やワイヤーなど雰囲気に合った素材を選んでください。

美観を保つ片づけ方

道具はすぐに使えて、すぐに片づけられるようにしておくのが理想です。機能性があり、美観を保てる片づけ方を紹介します。

ゴミ箱はハーブのそばに置く

掃除道具やゴミ箱が遠くにあると、持って来るのが面倒くさくてついゴミをそのままにしてしまいがちです。枯れ葉や花がらなどのゴミが出たときにすぐに片づけられるように、掃除道具やゴミ箱はハーブのそばに置いておきましょう。

道具は見やすくおしゃれに

道具が使いやすく、片づけやすいと作業も苦になりません。フックにディスプレイするように麻袋などを吊るして、スコップやハサミを収納しておきましょう。カゴやプレートスタンドを使って道具を整理するのもおすすめ。鉢や鉢皿がきれいに収納できます。

余った土はガラス瓶に入れる

余った土や肥料は、ガラスの瓶に入れて収納しておくとおしゃれに片づけられます。大きな袋ごと土が余っている場合には、キャスターつきの台にのせておきましょう。女性でも重い土を簡単に移動させられて、片づけも楽にできます。

Check!
片づけが楽になるコツ

見た目がおしゃれで片づけも楽。快適なガーデニングライフのコツを押さえておきましょう。

- □ 美観性のあるおしゃれな片づけグッズを置く
- □ ゴミがすぐに捨てられるようにゴミ箱を設置する
- □ 道具はディスプレイして機能的に収納する

安全対策を万全に

子どもがいるときは危ない道具に注意

小さな子どもがいる家庭では、ガーデニングでの安全対策が大切です。子どもが触ると危険なものは、手の届かない高い場所か、カギのかかる場所へ収納しておきましょう。また、鉢をハンギングしたり不安定な場所に置くと、落下する危険があるので避けましょう。ベランダの柵を乗り越えてしまわないように、踏み台になるものは柵の近くに置かないようにしましょう。

危ない道具は手が届かない場所へ

子どもが取り出せる場所には、危険な道具や薬剤を置かないように心がけましょう。

薬剤や土は隠せる収納場所へ

肥料などの薬剤や余った土などを子どもの手が届く場所に置いておくと、口に入れたり、誤飲してしまう危険があります。子どもが見つけられない場所に収納しておくようにしましょう。

鉢や花器は手が届かない場所へ

使用していない素焼きの鉢や花器をそのままにしておくと、子どもが割ってしまう危険があります。遊んでいるうちにベランダから落とすこともあるかもしれません。手が届かない場所へ片づけておきましょう。

危険な道具は取り出せない場所へ

子どもは大人のまねをして遊びたがるものです。ガーデニングに使う道具の中でもハサミなどの刃物は、子どもの目に触れない、手の届かない高い戸棚かカギがかかる場所に収納しておきましょう。

安全なレイアウトを考える

子どもを危険にさらさない安全なレイアウトをしましょう。
ポイントとなるのは次の4つです。

コンテナの配置

高い位置に重いコンテナを置いたり、台よりも大きなコンテナを置くなど、不安定な置き方はやめましょう。落下してけがをする危険性があります。

ハンギングは避ける

ベランダの柵にハンギングをするのは避けるようにしましょう。手が届く位置に吊ると、触って落下させてしまう危険があります。

柵の近くには物を置かない

柵の近くに物を置くのはNG。子どもは思わぬものにも登ります。鉢に登って手すりを乗り越してしまうかもしれません。

台は置かない

ベランダの柵のそばにはシェルフや脚立、チェアなどを置かないようにしましょう。子どもが登って手すりを乗り越してしまう危険があります。

Check!

ガーデニングをするときの子どもへの注意点

子どもにとって危険なものは、取り扱いに注意しましょう。

- □ 肥料やハサミは手の届かない場所に置く
- □ 落下する可能性のある場所には鉢を置かない
- □ ベランダの柵の近くには登れるような物を置かない

子どもとの楽しみ方

子どもにとってガーデニングは危険なことばかりではありません。植物を育てていく過程で生長を目の当たりにする喜び、世話をする心、収穫の感動を学ぶことができ、それは食育にもつながります。危険な道具の取り扱いなどに気をつけながら、子どもと一緒にハーブ栽培を楽しんでみましょう。

Column

家族の一員、犬や猫にも役立つ

ペットにハーブを活用する

人間と同じように、ペットが必要としている健康や癒しにも
ハーブは有効です。ハーブの効用も人間とほとんど同じ。
かわいいペットにハーブを活用してみましょう。

エサにハーブを取り入れる

ペットへのハーブの利用法としてあげられるのが、エサに混ぜる方法です。ハーブサプリメント、ハーブをアルコールに漬け込んで成分を抽出したチンキ、ハーブティー、オリーブ浸出オイルにしたものなどをエサに加えて与えます。用量は人間の体重に比較して計算します。ただし、獣医の指導の下で与えましょう。エッセンシャルオイルは刺激が強すぎるので使用しないでください。

ペットのためのハーブ

ペットに活用したい効用別に、おすすめのハーブを紹介します。

効用	ハーブ
消化器系・肝臓強化	ダンディライオン、バードッグ
泌尿器系	ダンディライオン、パセリ
腎臓系	イチョウ、ホーソン
炎症緩和	マシュマロー、オオバコ

効用	ハーブ
脳の機能不全	ゴツコーラ、ペパーミント、イチョウ
関節炎緩和	リコリス、デビルスクロー
血行不良	ヤロウ、イチョウ
心臓疾患	ホーソンベリー

猫が大好きなハーブ

猫はマタタビが大好きだというのは有名ですが、ハーブの中にも猫が大好きなものがあります。キャットニップ、キャットミント、キャットタイムです。名称にキャットがつけられているほど、猫が大好きなハーブです。猫を飼っている人は、育ててみてはいかがでしょうか。

ハーブにはさまざまな効用があります。
香りも生活に活力と癒しを
与えてくれるものとして親しまれています。
ハーブの効用を活かした
楽しみ方を紹介します。

新鮮さと手軽さが魅力のフレッシュハーブティー
29 ハーブティーは開花前の葉を使う

フレッシュハーブティーは、花が咲く前に摘み取った葉でいれるのがおすすめ。キッチンや部屋で育てたハーブを使っていれてみましょう。開花前の葉は香りがよく、表面を軽く叩いたり、揉んだりするとさらに香りが引き立ちます。葉を軽くちぎってティーポットに入れ、95～98℃の熱湯を注いで3～5分蒸らしてからいただきましょう。花を使う場合は、開花直後のものが適しています。

フレッシュハーブの特徴を知っておいしくいれる

フレッシュハーブならではのメリットや特徴を知って
おいしいハーブティーのいれ方をマスターしましょう。

特徴

- 季節感がある
- 摘みたての新鮮さを味わえる
- 新鮮なハーブの味と香りを楽しめる
- さし湯をして飲むことができる

おいしいいれ方

フレッシュハーブはドライハーブの約3倍の量の葉を使用します。ミントの葉では7～8枚くらいが目安。花が咲く前の葉を摘み取り、軽くちぎってティーポットに入れます。ティーポットに入れる前に葉の表面を軽く叩いたり、揉むと香りがより引き立ちます。沸騰して一呼吸したくらいの温度95～98℃くらいの熱湯を注ぎ、3～5分蒸らしていれます。旬の時期のハーブはホットで飲むのがおすすめです。

フレッシュハーブティーにおすすめのハーブ

・レモンバーム　・レモングラス　・レモンバーベナ　・ペパーミント　・ローズマリー

おすすめ! フレッシュハーブティーレシピ

ハーブの葉をたくさん使うフレッシュハーブティーは、
家でハーブを育てているからこそできる贅沢なレシピです。

ローズマリーとレモンバームのホットティー

● 材料(1人分)

ローズマリー …… ½本
レモンバーム …… 5枚
お湯 …… 180mℓ

● 作り方

1. フレッシュハーブはさっと洗い、水気を切る。
2. ティーポットに1を入れ、お湯を注ぐ。
3. ふたをして3～5分おいて蒸らす。きれいな色が出てきたら、カップに注ぐ。

レモングラス、ジャーマンカモミール、レモンバーベナのホットティー

● 材料(1人分)

レモングラス …… 2枚
ジャーマンカモミール(花) …… 5個
レモンバーベナ … 2枚
お湯 …… 180mℓ

● 作り方

1. フレッシュハーブはさっと洗い、水気を切る。
2. ティーポットに1を入れ、お湯を注ぐ。
3. ふたをして3～5分おいて蒸らす。きれいな色が出てきたら、カップに注ぐ。

ペパーミント、ローズマリーのアイスティー

● 材料(1人分)

ペパーミント …… 7～8枚
ローズマリー …… ½本
お湯 …… 60mℓ
氷 …… 適量

● 作り方

1. フレッシュハーブはさっと洗い、水気を切る。
2. ティーポットに1を入れ、お湯を注ぐ。ふたをして3～5分おいて蒸らす。
3. ハーブを取り出して冷ます。氷をたっぷり入れたグラスに一気に注ぐ。

Check!

フレッシュハーブティーのいれ方のコツ

おいしくいれるコツをしっかり覚えておきましょう。

□ 花が咲く前の葉を使う
□ 95～98℃の熱湯を注ぐ
□ 3～5分蒸らす

30 味や香りが濃厚なドライハーブティー 蒸らしたら茶葉はすぐに取り出す

ドライハーブティーはフレッシュに比べて、少量の茶葉でいれることができます。乾燥させることにより、味や香りが凝縮されて成分が抽出しやすいのが特徴です。持ち運びや保存ができるのでいつでも手軽に楽しむことができます。95～98℃の熱湯を均一に注ぎ、ふたをして蒸らしたら茶葉はすばやく取り出すのがおいしくいれるコツ。アイスは濃い目にいれて、氷を入れたグラスに注ぎます。

ドライハーブティーは少量の茶葉でOK

ドライハーブの特徴や、ホット・アイスティーのいれ方の違いを押さえておきましょう。

特徴
・味や香りが凝縮されているので濃く、成分が抽出しやすい
・いつでも手軽に楽しむことができ、フレッシュに比べ少量でいれることができる

ドライハーブティーのおいしい入れ方

●ホットティー

大さじすりきり1杯の茶葉をポットに入れて95～98℃の熱湯を均一に注ぎ、ふたをして蒸らします（花や葉などは3分間、実・種・根などかたいものは5分間が目安）。
蒸らし終えたら茶葉をすばやく取り出し、カップに注ぎます。茶葉を取り出すとき最後の1、2滴が重要。

●アイスティー

ホットの3倍の分量の茶葉を使用します。あらかじめ氷をたっぷり入れたグラスに、ホットティーと同じ要領でいれた濃い目のハーブティーを一気に注ぎます。

●お茶を入れるポット

ハーブの色を楽しむときや夏はガラスがおすすめ。冬は冷めにくい陶器やホーローのものをチョイスして。

※ローズヒップやレモングラスなど、少量では味の出にくいものは通常の2倍くらい、ペパーミントやハイビスカスなど少量で味が出やすいものは、通常の半量の茶葉を入れます。

おいしいホットティーのいれ方

茶こしつきのポットに大さじすりきり1杯の茶葉を入れる。

95～98℃の熱湯を均一に注ぎ、ふたをして蒸らす。

蒸らし終えたら茶葉をすばやく取り出し、カップに注ぐ。

おいしいアイスティーのいれ方

茶こしつきのポットに大さじすりきり3杯の茶葉を入れる。

95～98℃の熱湯を均一に注ぎ、ふたをして蒸らす。

茶葉を取り出して冷ます。氷をたっぷり入れたグラスに一気に注ぐ。

ジュースをブレンドして飲みやすく

クセのあるハーブティーはひと工夫でおいしくいただけます。ハイビスカスなどの酸味のあるものやクセのあるものは、オレンジジュースやパイナップルジュースなどのフルーツジュースとブレンドすると飲みやすくなります。

Check!

ドライハーブティーのいれ方のコツ

おいしくいれるコツをしっかり覚えておきましょう。

- □ 95～98℃の熱湯を均一に注ぐ
- □ 花や葉などは3分間、
  実・種・根などは5分間蒸らす
- □ アイスティーを作るときはホットティーをいれる要領で濃い目にいれ、たっぷりの氷を入れたグラスに注ぐ

31 ハーブの効用で健康をサポート
ハーブティーは体調に合わせて選ぶ

ハーブには、体の不調を改善してくれる効能を持ったものがあります。例えば、冷え性、花粉症、夏バテ、胃の疲れ、不眠など、気になる症状がある人は、それぞれ効果的なハーブを選ぶとよいでしょう。ハーブの成分が自然治癒力を高めて体質を改善し、バランスの取れた状態にしてくれます。ハーブティーは、このようなハーブの成分を手軽に取り入れられるのでおすすめです。

Point ハーブの効能を正しく理解する

ハーブは、薬草として用いられるものも多い植物。
ハーブの効能について正しく理解した上で、
気になる症状の改善に役立てましょう。

ハーブは薬ではなく、体質改善をサポートしてくれるものです。代表的な効能としてあげられるのは、抗酸化作用。活性酸素を取り去って老化を防止するのに役立ちます。また、フラボノイドやビタミン、ミネラルなどの栄養分を多く含みます。精油成分にはリラックス、リフレッシュ作用があります。殺菌作用、解毒作用、代謝を高めるなどの働きもあります。

Check!
症状に合わせたハーブティーの取り入れ方

まずは、ハーブの効能を知ることが大切。その上で生活に取り入れていきましょう。

- □ ハーブティーは続けて飲むことで、体質改善に役立つ
- □ ハーブは症状に合わせて種類を選ぶ

季節別 おすすめのハーブティー

季節の気になる症状に有効なハーブティーを紹介します。

春

ハーブ名	効用
ネトル、エルダーフラワー	花粉症
ダンディーライオン	ダイエット
セントジョーンスワート	うつ

秋

ハーブ名	効用
ペパーミント	胃の疲れに
マテ	夏の疲れ
ジャーマンカモミール	眠りを促す

夏

ハーブ名	効用
ハイビスカス	夏バテ
レモングラス	爽快感
ローズヒップ	紫外線対策、ビタミンC補給による美白効果

冬

ハーブ名	効用
ジンジャー	冷え症
マロウブルー	のどの痛み
エキナセア	風邪予防
ローズ	乾燥対策

失敗しないブレンドのコツ

ハーブティーはシングルでも飲めますが、ブレンドをするとより一層おいしくいただけます。また、ハーブの効用の相乗効果も期待できます。まずは、3種類のハーブをブレンドすることからはじめてみましょう。

1. ベースになるハーブを決める

ベースハーブは、ハイビスカスやペパーミント、レモングラス、カモミールなど、おいしくて味がしっかり出るハーブを選びましょう。

2. 効能のあるハーブをプラスする

ベースハーブを決めたら、症状や目的に合った効能のあるハーブを加えます。くせのあるハーブは、少量でも構いません。

3. 甘さを加えるなど味を調整する

最後にローズヒップやオレンジピールなどのフルーティーなハーブ、またはステビアなどの甘さのあるハーブで味を調整します。

32 美容・健康・リラックス・リフレッシュ
ハーブティーは目的に合わせて選ぶ

ハーブティーを選ぶときは、目的に合った効能を考えて選んでみましょう。大きなカテゴリーで分けると、美容、健康、リラックス、リフレッシュに分けられます。このカテゴリーの中から効能と好みの味や香りを選んで決めれば、おいしいハーブティーで健康的になれて一石二鳥。ハーブ選びで迷ったときは、お店のスタッフに聞くと詳しく教えてくれます。

ドライハーブは香りや色が自然な状態のものを選ぶ

ドライハーブは季節に関係なく購入できるので、
ハーブティーを作るときに便利です。
ドライハーブの選び方のポイントを覚えておきましょう。

- 賞味期限が記載されているか確認する
- 食品として販売されているものを選ぶ
- 香りや色が自然な状態（新鮮）なものを選ぶ
- きちんとアドバイスのできる
スタッフがいるお店で購入する
- 商品の回転がよいお店で購入する

ハーブティーは、活性酸素除去酵素（SOD）を多く含むため、老化防止に効果的です。また、免疫力をアップさせたり、精油成分によるリラックス、リフレッシュ効果、解毒作用、殺菌作用などがあるため、健康・美容維持に役立ちます。

Check!
ドライハーブの選び方

ドライハーブは、次の点に
注意して選びましょう。

- □ 目的に合った効能を持つ
ハーブを選ぶ
- □ 賞味期限が記載されている
商品を選ぶ
- □ 香りや色が自然な状態（新鮮）
なものを選ぶ

目的別 ハーブティーの選び方

美容・アンチエイジング、健康、リラックス、リフレッシュの
4つのカテゴリーから、取り入れたい要素に合わせて選びましょう。

美容・アンチエイジング

●ローズマリー

「若返りのハーブ」といわれ、細胞を若く保ち、脂肪の燃焼を促します。

●ローズヒップ

ビタミンCとリコピンを含み、優れた抗酸化力があります。美白に効果あり。

●ローズ

ホルモンバランスを整えます。女性の美と健康の強い味方。

●ハイビスカス

便秘を改善し、肌荒れに効果的。

リラックス

●ジャーマンカモミール

香り（精油成分）により心と体の緊張を和らげます。

●レモンバーベナ

香水木とも呼ばれ、さわやかで優しい香りがストレスを軽減します。

●レモンバーム

不安定な精神状態を穏やかにし、落ち込んだ心に活力を与えます。

●リンデン

体をあたため血行をよくし、緊張を和らげます。

リフレッシュ

●ペパーミント

さわやかな香りが気分をスッキリとさせます。

●レモングラス

さわやかな味で、発汗を促します。

●ユズ・オレンジピール

柑橘系の味で気分転換におすすめです。

●ハイビスカス

クエン酸、ビタミンCを含み疲労回復を早めます。

健康

●マテ

ビタミン、ミネラルを多く含み、疲労回復に効果的。世界3大茶のひとつでもあります。

●エキナセア

体の免疫力を向上させます。

●セージ

ホルモンバランスを整え、免疫力をアップします。

●ネトル

血液をきれいにし、花粉症などのアレルギー改善に役立ちます。

●ダンディーライオン

肝臓の働きを助け、代謝をよくします。

日本茶、紅茶、中国茶
お茶とブレンドして効用をプラス

日本茶、紅茶、中国茶にハーブをブレンドしてみましょう。作り方は、茶葉を混ぜてお湯を注ぐだけ。温度と蒸らし時間がハーブとは異なりますが、緑茶なら2分程度、紅茶なら95℃のお湯で3分程度、中国茶なら95℃のお湯で1分程度蒸らすとよいでしょう。風味が加わるのはもちろん、いつも飲んでいるお茶にハーブの効用をプラスできるのがメリットです。

いろいろなお茶にハーブの風味と効用をプラスさせる

お茶とハーブをブレンドすることで、ハーブの風味と効用がプラスされます。ブレンドするコツをみていきましょう。

いろいろなお茶にハーブをブレンドすると、風味を変化させて楽しむことができます。例えば日本茶はミントを加えてすっきりと、紅茶は細かく砕いたスパイス系ハーブを加えて、さらに香りを豊かに、中国茶は花系ハーブを加えてまろやかな味わいにといった具合です。また、一番のメリットはハーブの効用をプラスできること。目的に合わせてハーブを選んで楽しみましょう。

Check!
ハーブをブレンドするコツ

お茶にハーブをブレンドするときは次のようなポイントを押さえておきましょう。

- □ お湯の温度、蒸らし時間はお茶の種類によって調整する
- □ お茶の風味を壊さないハーブを選ぶ
- □ 目的別の効能でハーブを選ぶ
- □ 日本茶なら煎茶、紅茶ならダージリン、中国茶ならウーロン茶がハーブと合わせやすい

ほかのお茶とハーブをブレンドする方法

緑茶、紅茶、中国茶とハーブをブレンドする方法とそれぞれにおすすめのハーブを紹介します。

緑茶（煎茶）とのブレンド

緑茶とハーブティーの茶葉を7：3の割合で混ぜ、2分程度蒸らします。

●おすすめのハーブ

ペパーミント、レモングラスは味がスッキリします。マテは緑茶の味を消さず、ビタミン、ミネラルが豊富。

ペパーミント（ドライ）とブレンド▶

紅茶（ダージリン）とのブレンド

ハーブティーといれ方がほぼ同じなので好みの量で組み合わせてOK。95℃のお湯で蒸らし時間は3分程度。

●おすすめのハーブ

ローズ、矢車菊は花の香りを添えます。オレンジピール、ジンジャー、カルダモンは風味を変化させます。

◀オレンジピール（ドライ）とブレンド

中国茶（ウーロン茶）とのブレンド

中国茶とハーブティーの茶葉を8：2の割合で混ぜます。ハーブティーは中国茶のように何度も煎が効かないので、1煎目を楽しみます。95℃のお湯で蒸らし時間は1分程度。

●おすすめのハーブ

ローズ、カモミール、ジャスミンなどの花系は中国茶との相性がよいです。

ペパーミント（ドライ）とブレンド▶

オリジナルカクテルを作ろう
ハーブに合うお酒はスピリッツ

お酒を飲んでリラックスしたいときは、ハーブを使ったカクテルがおすすめ。作り方はドライハーブでお茶をいれ、冷ましたものでお酒を割るだけです。ハーブと相性がよいお酒はウォッカやドライジン、焼酎などのスピリッツ類。無色なのでハーブの色がよく映え、無臭のウォッカならハーブの香りも楽しめます。ソーダ割りやオンザロックにするとさらに飲みやすくなります。

お酒はスピリッツ類をベースにすると◎

ハーブを使ったカクテルは、スピリッツ類をベースにするとおいしくできます。ソーダ割りやオンザロックで楽しみましょう。

ハーブとの相性◎のお酒

ハーブと相性のよいお酒は、ウォッカ、ドライジン、焼酎など。無色なので、ハーブの色がよく映えます。特にウォッカは無臭なので、ハーブの香りを楽しめます。

ドライハーブを使用する

ドライハーブティーを使えば、季節に関係なくハーブが入手でき、準備も簡単。フレッシュハーブも使うことができます。

ソーダ割りかオンザロックで

ソーダ割りやオンザロックにすると濃さを加減でき、さらに飲みやすくなります。レモンやライムのスライスを添えてもおいしくいただけます。

Check!

ハーブでカクテルを作るコツ

お酒好きな人におすすめのハーブのカクテル。お酒にハーブを取り入れるコツを覚えておきましょう。

- [ ] ベースはスピリッツ類にする
- [ ] ドライハーブを使用する
- [ ] ソーダ割りかオンザロックで飲みやすくする

おいしくてヘルシーなハーブカクテルの作り方

ハーブはお酒と合わせてもおいしくいただけます。
ハーブの香りに癒される、健康的なカクテルを作ってみましょう。

ローズヒップティー × ウイスキー

● 材料（1人分）

ウイスキー ……… 30mℓ
ローズヒップティー
（アイス）………… 110mℓ
氷…………………… 適量
スペアミント …… 適量

● 作り方

1. 氷を入れたグラスにウイスキーを入れる。
2. 1にローズヒップティーを加える。
3. よく混ぜ、仕上げにスペアミントを飾る。

カモミールティー × ジン

● 材料（1人分）

ジン……………… 30mℓ
カモミールティー
（アイス）………… 110mℓ
【カモミール：ローズヒップ：オレンジピール：シナモン】…………… 各1
氷…………………… 適量

● 作り方

1. 氷を入れたグラスにジンを入れる。
2. 1にカモミールティーを加える。
3. よく混ぜる。

ラベンダーティー × ベルモット

● 材料（1人分）

チンザノロッソ … 45mℓ
ラベンダーティー
（アイス）………… 100mℓ

● 作り方

1. グラスにチンザノロッソを入れる。
2. 1にラベンダーティーを加える。
3. よく混ぜる。

35

砂糖の代わりになるハーブ
ステビアを使えば甘くてカロリーゼロ

甘みがあり、砂糖の代わりに使えるハーブとして、リコリスやステビアがあります。リコリスは砂糖の約50倍の甘さがあり、生薬の苦味を和らげる働きがあるため、多くの漢方薬に使われています。ステビアは、砂糖の200～300倍の甘さがあり、ハーブティーなどによく使われています。特にステビアは育てやすいハーブで、低カロリーの甘味料として重宝します。

ステビアは育てやすい甘味料

ステビアは家庭でも育てやすいキッチンハーブです。

ステビアには砂糖の200～300倍の甘み成分が含まれています。茶葉と一緒にお湯で煮出すだけで甘みが加わるので、砂糖を使わなくても甘くて低カロリーのハーブティーを楽しむことができます。また、家庭でも育てやすいのも特徴。水切れがよいハーブなので、こまめに水をあげるようにしましょう。冬は室内栽培がベストです。

Check!
ステビアの活用法

ステビアの特徴を知って上手に使いましょう。

- □ 家庭でも育てやすく、キッチンハーブのひとつとして活用できる
- □ ハーブティーを作るときに加えて甘みをつける
- □ ステビアシロップはカロリーゼロの甘味料としてコーヒーや紅茶に入れる

ステビアを使ったヘルシーレシピ

ステビアは、ヘルシー志向の人やダイエット中の人におすすめ。
甘党の人も満足できる、しっかりとした甘みが出るのが特徴です。

ステビアシロップ

● 材料(1人分)

ステビア(ドライ) …………………… 10g
水 ……………………………… 200mℓ

● 作り方

1. 鍋にステビアを細かくちぎって入れる。
2. 1に水を加えて弱火にかけ、ふつふつとなるまで煮詰める。
3. 水分が減り、とろみが出てきたらでき上がり。

オレンジゼリー

● 材料(1人分)

ステビア(ドライ) ……………………1g
水……………………………… 100mℓ
オレンジジュース …………………200mℓ
粉ゼラチン ……………………… 5g

● 作り方

下準備　粉ゼラチンは倍量の水(分量外)で溶かしておく。

1. 鍋に水とオレンジジュースを入れて火にかけ、沸騰させる。
2. 1にステビアを加えて弱火にし、約2分間火にかける。火から下ろし、2に粉ゼラチンを加えて混ぜ、こし器でこす。
3. 氷などにあてて冷やしてから型に流す。冷蔵庫で冷やし固める。

ステビアはドライかシロップにして保存する

ステビアは春から夏にかけてが最盛期。この時期に収穫したステビアを使いやすいように保存しておけば、いつでも活用できます。

ドライにする

収穫したら軽く水洗いして水気を切り、風通しのよいところで乾燥させましょう。しっかり乾燥したら密閉容器に入れて冷蔵庫の野菜室で保存します。

シロップにする

シロップを作って容器に入れ、冷蔵庫で保存しておき、なるべく早く使いきりましょう。砂糖の代わりにコーヒーや紅茶に入れて使います。

料理に風味や効能をプラスする
オイル、ビネガーでハーブを味わう

ハーブをオイルやビネガー漬けにすると、調理油や調味料、ドレッシングなど、さらに活用の幅が広がります。ハーブの香りや成分が抽出されるので香りがよく、効能も期待できます。ハーブオイルはオリーブオイルにハーブを入れ、10分くらい湯せんにかけて作ります。ハーブビネガーは、ビネガーにハーブを入れてそのまま2週間程度寝かせればでき上がりです。

幅広く使えるハーブオイル、ハーブビネガーを作る

使いやすくておすすめのハーブオイル、
ハーブビネガーを紹介します。
キッチンに常備しておくと便利です。

ローズマリーオイル

焼いた肉や海老などと相性がよいです。

タラゴンビネガー

タラゴンを白ワインビネガーに浸けたものです。

ガーリックオイル

パスタの仕上げなどに使うと香りよく仕上がります。

ミントビネガー

酸味の中にほのかな清涼感があるビネガーです。

ピカンテオイル

鷹の爪とオリーブオイルで作ります。

Check!

ハーブオイル、ハーブビネガーを作るコツ

料理に便利なハーブオイルとビネガー。作り方や保存法のポイントを押さえておきましょう。

- [ ] ハーブオイルはオイルにハーブを入れ、湯せんする
- [ ] ハーブビネガーはビネガーにハーブを漬け込んで2週間程寝かせる
- [ ] ガラス製の密閉容器に入れて直射日光が当たらない場所で保存する

便利なハーブオイル、ビネガーを作ろう

いろいろな料理に使えて便利なハーブオイルとビネガー。
ここでは、ローズマリーとレモングラスを使ったレシピを紹介します。

ローズマリーのハーブオイル

● 材料（作りやすい分量）

ローズマリー……20cm程度のもの2〜3本
オリーブオイル……150mℓ

● 作り方

下準備

密閉容器は煮沸消毒しておく。ローズマリーはさっと洗い、水気をよく拭き取っておく。

1. 鍋にオリーブオイルとローズマリーを少しもんでから入れる。
2. 1を約10分湯せんにかける。
3. 2を容器に入れ、常温で保存する。

レモングラスのハーブビネガー

● 材料（作りやすい分量）

レモングラス……… 10枚
ビネガー…………… 150mℓ

● 作り方

下準備

密閉容器は煮沸消毒しておく。レモングラスはさっと洗い、水気をよく拭き取っておく。

1. 容器にレモングラスを入れ、ビネガーを注ぐ。
2. 約2週間、常温で保存してなじませる。

上手な保存法

●ハーブオイル

オイルは空気に触れると酸化が始まるので、ガラス製の密閉容器に入れておきます。直射日光が当たらない場所で保存し、1ヶ月を目安に使い切りましょう。ほかの香りを吸収しやすいので、洗剤などの近くには置かないようにします。

●ハーブビネガー

ガラス製の密閉容器に入れて、直射日光が当たらない場所で保存します。オイルに比べると日持ちはしますが、なるべく早く使い切るようにしましょう。

漬け終わったハーブの活用法

漬け終わったハーブは捨ててしまわずに、次のような方法で活用してみましょう。
長い間ハーブを漬け込んだままにしておくと、変色してしまいます。オイルやビネガーに香りが移ったら取り出して細かく刻みましょう。肉や魚のソテーに加えたり、スープの薬味に使うことができます。

37 自家製ハーブを活用
調味料にハーブを加えて風味アップ

バターや塩、サワークリームなどに刻んだハーブを加えると、風味のある調味料ができます。使用するハーブは何でもよいので香りや効能でお好みのものを選びましょう。単品でもミックスにしてもOK。ミックスにすると風味に奥行きが出ます。ハーブはフレッシュとドライ、どちらでも使えます。洋食に使うイメージがありますが、和の料理に加えてもおいしくいただけます。

市販の調味料にハーブを加えて作る

さまざまな料理に使いやすい、あると便利なハーブ調味料を紹介します。市販の調味料にハーブを加えるだけで、簡単に作れます。

ハーブバター

みじん切りにしたハーブを混ぜ込んだバター。トーストやムニエルにおすすめです。

サワークリーム／マヨネーズ

みじん切りにしたハーブを混ぜ合わせます。クラッカーや野菜スティックと相性◎です。

ハーブソルト

みじん切りにしたハーブを混ぜ合わせた塩。振りかけて使っても、つけ塩として添えてもOK。

Check!
ハーブ調味料を使うコツ

ハーブを加えた調味料を活用するコツを覚えておきましょう。

- □ 市販のバターや塩などに刻んだハーブを加えて使う
- □ ハーブはミックスすると風味に奥行きが増す
- □ 密閉容器に入れて冷蔵庫で保存する

旨味アップのハーブ調味料を作ろう

料理を作るとき、手軽にハーブを取り入れられるのがハーブ入りの調味料。
刻んだハーブを加えるだけで、風味や旨味がぐっと増します。

バジルバター

● 材料(作りやすい分量)

バジル(葉のみ)… 10枚
無塩バター ……… 100g

● 作り方

下準備
バターは室温に戻しておく。

1. フードプロセッサーにバターとバジルを入れて軽く回す。
2. 密閉容器に移し、使う分は冷蔵庫で保存する。

● 保存法

密閉容器に入れて必要な分だけ冷蔵庫で保存。
残りは冷凍庫で3ヶ月間保存可能。

イタリアンパセリのサワークリーム

● 材料(作りやすい分量)

イタリアンパセリ …3本
ドライトマト ………4個
サワークリーム ……50g
塩…………………… 適量
オリーブオイル ……少々

● 作り方

1. イタリアンパセリとドライトマトは細かく刻む。
2. 1とサワークリームを混ぜ合わせる。塩とオイルで味を調える。

● 保存法

密閉容器に入れて冷蔵庫で保存。
できるだけ早く使い切るようにしましょう。

ハーブソルト

● 材料(作りやすい分量)

ローズマリー ………1本
バジル…………………2枚
レモンピール ……… 1g
塩……………………10g

● 作り方

1. ハーブ、レモンピールは細かく刻む。
2. 1と塩を混ぜ合わせる。作りたては香りがよいので早めに使い切る。

● 保存法

密閉容器に入れて冷蔵庫で保存。

作り置きしておけば便利！
ハーブソースは料理の幅を広げる

ハーブを使ったソースといえばバジルを使ったジェノベーゼが有名ですが、ほかのハーブでもさまざまなソースが作れます。料理の度にソースから作るのは大変でも、作り置きできるソースを3種くらい冷蔵保存しておけば便利。時間がないときも、パスタや肉、魚、野菜などにソースをからめれば、簡単に1品おかずができ上がります。ソース以外にハーブでドレッシングを作るのもおすすめです。

ハーブソース＆ドレッシングはシンプルな料理に◎

さまざまな料理に使えて便利な
ハーブソース＆ドレッシングを紹介します。

ソース・ドレッシング名	活用できる料理名
ジェノベーゼソース	バジル使用のソース。パスタソースや肉、魚料理のアクセントに使います。
タプナートソース	ローズマリーを使ったソースで、豚肉や魚介と相性が◎。根菜やゆで玉子にも合います。
バーニャカウダ ミントソース	ミント風味にして、野菜スティックや温野菜でディップしていただきます。小羊、サーモンにも。
ピストーソース	バジル、セルフィーユ、ディル、イタリアンパセリを使用。スモークサーモンや焼き魚と相性がよいソース。
タラゴンドレッシング	タラゴンを使ったドレッシング。生野菜サラダにおすすめです。
フロマージュブランのディル風味ドレッシング	ディルを使ったドレッシング。野菜ピクルスやスモークサーモンに使えます。

Check!
ハーブソースの活用法

シンプルな料理もハーブソースがあれば、おいしさが増します。活用法を押さえておきましょう。

- □ 食材とからめて調理したり、ディップして楽しむ
- □ 何種類かのソースを作り置きしておくと便利
- □ 冷蔵庫保存なら1週間、それ以上なら冷凍保存にする

ハーブのドレッシング、ソースを作ろう

野菜や肉、魚料理に添えたいおすすめのハーブドレッシング、
ソースを紹介します。

バーニャカウダソース ミント風味

● 材料(作りやすい分量)

スペアミント …… 10枚
にんにく ………… 10片
牛乳 ……………400mℓ
アンチョビ ………… 2本

● 作り方

1. にんにくは5回ほど湯でこぼす。
2. 1に牛乳とアンチョビを加え、やわらかくなるまで煮る。
3. 2にみじん切りにしたミントを加えて混ぜる。

ピストーソース

● 材料(作りやすい分量)

バジル ……………… 10g
セルフィーユ ……… 5g
ディル …………… 5g
イタリアンパセリ … 5g
にんにく …………… 1片
レモン汁 ……… 少量
塩………………… 適量
オリーブオイル … 適量

● 作り方

ミキサーにすべての材料を入れて回す。

ジェノベーゼソース

● 材料(作りやすい分量)

バジル ……………… 4枝
松の実 ……… 大さじ3
オリーブオイル
……………… 100mℓ

● 作り方

1. ミキサーに松の実とオリーブオイルを入れて回す。
2. バジルを加えて再び回す(※バジルは金属と相性が悪く、回しすぎると変色しやすいので注意すること)。

タプナードソース

● 材料(作りやすい分量)

ローズマリー
(枝ははずす) …… 2本分
ブラックオリーブ
(種なし) ………… 10粒
ケッパー …………… 10g
にんにく ………… 1/3片
オリーブオイル
………… 大さじ2杯

● 作り方

1. ローズマリー、ブラックオリーブ、ケッパー、にんにくは細かく刻む。
2. 1とオリーブオイルを合わせる。

ソース、ドレッシングの保存法

密閉された瓶に入れて冷蔵庫で保存。1週間程度で使い切りましょう。それ以上保存したい場合はフリーザーパックに入れて冷凍保存しておきましょう。

39

ドライよりも栄養価が高い
フレッシュハーブはサラダで楽しむ

ハーブは野菜と比べると独特な香りや味があり、複数種のハーブを組み合わせると、さらに個性的な味わいになります。また、エディブルフラワーを添えれば、見た目も美しいサラダができます。ハーブのくせが苦手な人は、野菜と混ぜればおいしくいただけます。ドライよりもフレッシュの方が栄養や効能などの効果が高いので、新鮮な摘みたてのハーブでサラダを作ってみましょう。

Point

サラダに使いやすいハーブを選ぶ

フレッシュでもくせが少なく食べやすいハーブや、色がきれいなエディブルフラワーなど、サラダにおすすめの種類を紹介します。

ハーブ名	効用
バジル	香りがよく、消化促進効果があります。
イタリアンパセリ	栄養価が高いハーブ。ハーブの中でもくせがなく食べやすいです。
ディル	食欲増進効果があります。さわやかな香りが特徴。
ルッコラ	ビタミン、ミネラルが多いハーブ。辛味と苦味のバランスがよいのでおすすめ。
ナスタチウムの花	色がきれいなので、アクセントに。かすかにコショウの香りがします。
スイートバイオレットの花	甘くて色がきれいなエディブルフラワーです。

Check!

ハーブをサラダで楽しむメリット

フレッシュハーブをサラダで食すメリットを押さえておきましょう。

- □ ハーブ特有の香りと味を楽しめる
- □ エディブルフラワーで華やかにすることができる
- □ ドライよりも栄養や効能の効果が高い

ハーブを味わうサラダレシピ

忙しい朝にもおすすめの簡単グリーンサラダやボリューム満点のおかずサラダなど、おすすめサラダレシピを紹介します。

朝でも簡単！ グリーンサラダ

● 材料(2人分)

ルッコラ…………8枚
セルフィーユ……6本
イタリアンパセリ　4本
ベビーリーフ……1袋
エディブルフラワー………………3～5個

● 作り方

1. ハーブとベビーリーフはさっと洗い、水気を切る。
2. 器に1を盛り、エディブルフラワーを添える。ハーブソルトやオリーブオイル、ドレッシングをかけていただく。

ブロッコリーと焦がしにんにくのローズマリー風味

● 材料(2人分)

ローズマリー……1本
ブロッコリー……1株
玉ねぎ……………½個
エビ………………4尾
にんにく…………2片
塩………………　適量
オリーブオイル　適量

● 作り方

下準備

ブロッコリーはひと口大に切り、固めにゆでる。玉ねぎはくし切りにする。エビは殻をむき、背わたを取り除いておく。

1. フライパンにオリーブオイルを入れる。ローズマリーとにんにくを加え、きつね色になるまで火にかける。
2. 1に玉ねぎを加え、強火で焦がすように炒める。
3. 2にブロッコリーとエビを加え、なじませる。塩で味を調えたらでき上がり。

紫玉ねぎのアグロドルチェ

● 材料(2人分)

ローリエ…………1枚
ジュニパーベリー　1個
紫玉ねぎ
(または新玉ねぎ) 1個
オリーブオイル　少量
塩………………　適量
砂糖　…………　適量
赤ワインビネガー　少量

● 作り方

1. 紫玉ねぎはくし切りにする。
2. 鍋に1、オリーブオイル、ローリエ、つぶしたジュニパーベリーを入れ、弱火にかける。
3. しんなりしてきたら塩、砂糖、赤ワインビネガーを加えて味を調える。

ハーブの効果を料理に活用
40 肉料理はハーブで臭み消しをする

ハーブの葉や茎に含まれる成分は肉の臭み消しや殺菌、防腐に効果があります。また、風味を豊かにして、肉の旨味を引き出します。特に肉料理と相性がよいハーブには、ローズマリー、フェンネル、セージ、クローブなどがあげられます。肉料理をおいしくするとともに、体への効用も期待できるハーブ。刻んで散らしたり、一緒に炒めたりして活用してみてください。

肉料理に合うハーブを使う

肉料理に合うハーブとその効用をご紹介します。

ハーブ名	効用
ローズマリー	血液の循環を促進したり、記憶力や集中力を高める働きがあります。
オレガノ	消化促進作用があり、抗酸化や神経強壮の働きもあります。
セージ	優れた殺菌作用があるため、風邪の引きはじめにうがいや吸入に用いると効果的。
タイム	防腐効果、殺菌力に優れており、食欲増進や健胃作用があります。
ナツメグ	頭痛や食欲不振に効果的で臭み消しに用いられます。

Check!
肉料理にハーブを使うメリット

ハーブの成分が肉料理にもたらすメリットを知っておきましょう。

- □ 臭み消しに効果がある
- □ 殺菌、防腐効果がある
- □ 肉の旨味を引き出す

ハーブを使って肉料理を楽しむ

肉の旨味を引き出すハーブ。肉の臭みが取れて、
いつものレシピもぐっとおいしく仕上がります。

牛肉のソテー ピッツァイオーラソース

● 材料(2人分)

オレガノ(ドライ) …………… 1つまみ
牛肉(肩ロース)……150g
塩、こしょう ……… 適量
オリーブオイル …… 適量
にんにく ………… 1かけ
トマトソース ………90mℓ
塩…………………… 適量

● 作り方

1. 牛肉に塩、こしょうで下味をつける。オリーブオイルを熱したフライパンに入れる。
2. 表面に焼き色がついたら一度火から下ろし、取り出す。フライパンににんにくのスライスとオリーブオイルを加えて、弱火でにんにくの香りをオイルに移す。
3. 焼き色がついたらトマトソースとオレガノ、塩を加えて味を調える。そこに再び牛肉を戻して2～3分煮詰める。

鶏肉とじゃがいものソテー セージ風味

● 材料(2人分)

セージ…………… 2枚
鶏もも肉………… 1枚
塩、こしょう … 適量
オリーブオイル… 適量
じゃがいも ………½個

● 作り方

1. じゃがいもはゆでておく。
2. 鶏肉に塩、こしょうで下味をつけ、オリーブオイルを熱したフライパンに皮目から入れ、焼き色をつける。
3. 2にじゃがいもの乱切り、セージを加えてソテーする。
4. 皮目に焼き色がついたらひっくり返してじゃがいもの上にのせる。鶏肉から出る旨味をじゃがいもにすわせながら弱火で焼く。

豚肉の香草たっぷりソーセージ

● 材料(2人分)

セージ…………… 5枚
ローズマリー …… 1本
タイム …………… 1本
クローブ …………⅔片
豚ひき肉……… 300g
塩………………… 4g
砂糖 …………… 1g
オリーブオイル … 適量
菜の花 …………½束

● 作り方

1. 菜の花は2cm長さに切る。
2. ハーブはみじん切りにする。
3. ひき肉に1、塩、砂糖を加えてよく混ぜ合わせ、ひと口大に丸める。
4. オリーブオイルを熱したフライパンに、3と菜の花を入れて炒める。

風味と効用をプラス
煮込み料理にハーブを加える

煮込み料理にハーブを入れると、風味がよくなり、肉や魚の臭みを取ってくれます。一緒に煮込むだけでなく、下味をつけるために使ったり、仕上げに味を引き締めるために刻んだものを散らしたりもします。ハーブによって風味や食材との相性があるので、用途に合わせて選びましょう。また、ハーブを使うことで胃腸機能を整える、体を温めるなどの効果が期待できます。

煮込み料理に合うハーブを選ぶ

煮込み料理やスープに合うハーブとその効用をご紹介します。

ハーブ名	効用
ローリエ	食欲倍増に効果があり、主に肉の臭み消しに使われます。
シナモン	体を温め、胃腸の働きを調える効能があります。
サフラン	ヴィヤベースなど魚介類などに合います。イライラしているときや不眠症に◎。
オレガノ	風邪、頭痛、口内炎、腹痛、疲労倦怠などに効果があります。
カルダモン	疲労回復や整腸効果があり、体温を下げる働きがあります。
パセリ	煮込み料理の仕上げに使用します。老化防止、美肌効果、貧血の予防、冷え性が改善されます。

Check!

煮込み料理に使うメリット

ハーブを煮込み料理に使うメリットを覚えておきましょう。

- □ 風味がよくなり、肉や魚の臭みを取る
- □ 下味をつけたり、味を引き締めたりできる
- □ 胃腸機能を整え、体を温める

ハーブを使った煮込み料理を楽しむ

煮込み料理にもハーブが活躍。ここでは、定番のカレーやシチューをさらにおいしくするハーブの使い方を紹介します。

カレー

● 材料(2人分)

ローリエ ………… 1枚
通常のカレーの材料

● 作り方

1. 通常のカレーを作る要領で、鍋に水を加え、アクを取った後にローリエを加えて煮込む。
2. ローリエを取り出し、味を調整する。

ホワイトシチュー

● 材料(2人分)

クローブ(パウダー) …… 少量
通常のホワイトシチューの材料

● 作り方

1. 通常のシチューを作る要領で、鍋に水を加え、アクを取った後にクローブを一振り加えて煮込む。
2. 味を調整する。

鳥もも肉のクリーム煮 ローズマリー風味

● 材料(2人分)

ローズマリー …… 1本
鶏もも肉………… 1枚
塩、こしょう … 適量
オリーブオイル　適量
白ワイン ……… 30mℓ
牛乳 ………… 150mℓ
生クリーム …… 150mℓ

● 作り方

1. 鶏肉に塩、こしょうで下味をつける。
2. フライパンにオリーブオイルを熱し、1を皮目から入れる。焼き色がついたらひっくり返し、白ワインを加える。
3. 2に牛乳、生クリーム、ローズマリーを加えて弱火で煮詰める。ソースがトロッとしてきたらでき上がり。

昔から使われてきたのは意味がある
和のハーブの効用を知れば料理上手

ハーブは、もともとヨーロッパで薬効のある植物の総称としてつけられた名前です。そのため、海外から入ってきたものが「ハーブ」として広まりました。しかし、日本にも昔から薬草として用いられてきたもの、香りや味が和食を引き立ててきたハーブがあります。わさび、しょうが、山椒、ゆずなどです。これら和のハーブについても効果や効能などを活かした使い方を覚えておくとよいでしょう。

和のハーブは和食の引き立て役

日本で昔から親しまれてきた代表的な香草、薬味を紹介します。
どれも、日本の食卓でよくみかける食材として知られています。

ハーブ名	効用
わさび	辛味成分に強い殺菌、抗カビ作用があり、特に生魚の食中毒を防ぎます。
しょうが	血行をよくし、冷え性、風邪予防に効果的。臭み消しや細菌の増殖を抑えるので煮魚に使われます。
山椒	食欲増進効果があるため、土用の丑の日にうなぎと食されるようになりました。殺菌効果も高いハーブ。
ゆず	ビタミンC、クエン酸などが豊富。風邪予防、疲労回復、美肌効果あり。皮には抗菌作用があります。
しそ	ビタミン、ミネラルが豊富。アレルギーを和らげる効果もあり、花粉症予防に注目されています。
よもぎ	ビタミン、鉄分、食物繊維などが豊富。下痢や吐き気の抑制、止血や鎮痛に効果があります。

Check!

和のハーブの特徴

私たちの生活になじみ深い和のハーブ。和のハーブの特徴を覚えておきましょう。

- □ 和食に欠かせない香草、薬味もハーブの一種
- □ 食材との組み合わせには殺菌などの意味があるものが多い
- □ 主流ものは栄養価が高く、健康に効果がある

和のハーブを使ったさっぱりレシピ

和のハーブは和食はもちろん、調理法次第で洋食にもよく合うごはんができます。さっぱりとした口あたりが人気です。

しそのスパゲッティー

● 材料(1人分)

しそ…………… 10枚
にんにく………… 1片
オリーブオイル
……………… 大さじ2
バター…………… 10g
スパゲッティー …90g

● 作り方

1. しそ、にんにくはみじん切りにする。
2. フライパンににんにく、オリーブオイル、バターを入れ、弱火にかける。
3. 少し焼き色がついたら、ゆでたスパゲッティーを加えて味を調える。
4. 3にしそを加えて和えたらでき上がり。

わさびのドレッシング

● 材料(作りやすい分量)

わさび(すりおろし)
…… 少量(好みの量)
グレープフルーツ
…………………… 1/2個
塩 ………………少々
オリーブオイル　適量

● 作り方

1. グレープフルーツは絞り、果汁を取る。
2. 1にわさび、塩、オリーブオイルを加え、よく混ぜる。魚のカルパッチョなどにかけていただく。

日本のハーブはいつから?

薬草は縄文時代の頃から利用された形跡があります。飛鳥時代には聖徳太子が貧民救済のために薬草を利用した「施薬院」を作りました。日本で最初にハーブガーデンを誕生させた功労者は織田信長で、ヨーロッパから約3,000種のハーブが移植されたと伝えられています。

43 目で見て楽しむハーブ
おもてなしにはおもしろマロウティーを

お客様へのおもてなしは一風変わったハーブティーにしてみましょう。例えば、ハイビスカスやマロウは色を楽しんでもらうことができます。特にマロウの花で作ったお茶は、最初は青や紫色ですが､レモン汁を入れるとピンク色に変わる不思議なハーブティー。ほかにも、アイスハーブティーに甘みをつけてゼラチンで固めたゼリーもおすすめ。ハーブティー同様、きれいな色を楽しめます。

おもてなしにはマロウティーを使う

おもてなしのハーブティーにおすすめなマロウ。
家庭でも育てることができるので、ぜひ試してみましょう。

特徴

濃い紫色の花をつけ、昔からハーブティーや食用にされてきました。花や葉、根にはのどの痛みや炎症、せき、胃炎、便秘によい成分があるとされています。花をハーブティーにすると、美しいブルーのお茶になり、そこにレモン汁などの酸性のものを加えると鮮やかなピンク色に変わるという、めずらしい性質があります。

育て方

4月か9月に種まきをしましょう。日当たりと水はけのよい土を好み、移植を嫌うハーブです。寒さに強く、大きく成長します。葉が込み合っている部分を間引くと花つきがよくなります。

目で楽しめるマロウティー

数あるハーブの中でも、マロウは色の変化を楽しめる特殊なハーブ。
色が変わる瞬間の様子をみんなで楽しんでみましょう。

1 水かお湯でマロウティーを作ります。最初はきれいな紫色です。水180㎖に対してドライマロウを小さじ2程度が目安です。

レモン汁を絞るとピンク色に変わります。レモン汁以外にも乳酸菌など、酸性のものに反応して色が変化します。

2

3 マロウティーは氷にしてもおしゃれ。エディブルフラワーも一緒に添えれば、かわいらしいドリンクのでき上がりです。

マロウにまつわる話

色の変化が楽しめるマロウティーは、世界的な大女優グレース・ケリーが愛したお茶としても有名です。庭で紫色のマロウティーがピンク色に変わる瞬間を楽しみながら、ティータイムを過ごしていたといわれています。また、ヨーロッパではマロウを枕の下に入れておくと、失われた愛を取り戻せるといういい伝えがありました。このようにハーブのなかには、ロマンチックな逸話が残っているものもあり、昔から人々のあいだで親しまれてきたことがわかります。

おしぼりに香りをつけておもてなし

マロウとともに試したい、ハーブのおもてなしアイデアを紹介します。
おしぼりにハーブの香りをつけて気持ちのよいおもてなしをしましょう。おしぼりの中にハーブを巻いて置いておくと香りが移ります。アロマスプレーを吹きつけるだけでもOK。ローズゼラニウムなら華やかな香り、ミントやユーカリなら清涼感を出せます。香りは強すぎずさりげなく香る程度に。

Check!

マロウの特徴

知っていると楽しいおもてなしができるマロウ。ぜひ、活用してみましょう。

- ☐ 胃やのどの痛みや炎症を和らげる成分がある
- ☐ 日当たりと水はけのよい土を好み、移植を嫌う

44 余ったハーブは適切に保存
用途に合わせて保存法を変える

ハーブが使い切れずに残ったときは、用途に合わせた方法で保存します。1、2週間で使うものは湿らせたキッチンペーパーに包み、密閉容器に入れて冷蔵保存します。刻んで使うものは刻んだ状態で冷凍保存するほかに、ドライにして乾燥剤と一緒に保存したり、オイルやビネガーに漬け込んで利用する方法もあります。保存するときは、ハーブ名と保存開始日を容器につけておくとよいでしょう。

利便性を考えて保存する

ハーブを保存するときは、用途に合わせて保存法を変えましょう。
保存の方法は、冷蔵、冷凍、乾燥、漬けるの４つの方法があります。

冷蔵

キッチンペーパーや新聞紙でハーブを包み、密閉容器に入れて冷蔵庫で保存します。生の状態で1、2週間は保存がききます。

冷凍

解凍すると変色し、香りも薄れてしまうので、みじん切りにしてから冷凍します。凍ったまま調理できるので、色も香りも保持できます。

オイル、ビネガー漬け

オイル漬けは早めに使い切らなくてはいけないので、少量ずつ作るのがポイント。ビネガー漬けは保存がきくので、おしゃれな瓶に入れておけばインテリアにもなります。

乾燥

新聞紙などの上に広げ、風通しのよい場所で2、3日放置。その後、乾燥剤と一緒に密閉容器に入れて冷蔵庫で保存します。電子レンジ(500Wで約2分)で手早く乾燥させる方法もあります。

Check!
ハーブの保存方法

ハーブを使いやすく、おいしく保存する方法を覚えておきましょう。

- □ 冷蔵保存は湿らせたペーパーに包んで密閉容器に入れる
- □ 冷凍保存はみじん切りにしてから密閉容器に入れる
- □ 乾燥保存は乾燥させた後、乾燥剤と一緒に冷蔵保存する
- □ オイル、ビネガーに漬け込んで利用する

ハーブ別保存法早見表

料理やハーブティーによく使う
ハーブの保存法をまとめた早見表です。
可能な保存法には○、
不向きな保存法には×が記してあります。

ハーブ名	冷蔵	冷凍	乾燥	オイル漬け	ビネガー漬け
イタリアンパセリ	○	○	○	○	×
オレガノ	○	○	○	×	○
オレンジピール	○	○	○	○	×
クレソン	○	×	×	○	×
コリアンダー（葉）	○	×	×	×	×
セージ	○	○	○	○	○
タイム	○	○	○	○	○
タラゴン	○	○	×	○	○
チャイブ	○	×	×	○	○
バジル	○	○	○	○	○
オレガノ	○	○	○	○	○
ラベンダー	○	○	○	○	○
レモンバーム	○	○	○	×	○
レモングラス	○	○	○	○	○
ローズマリー	○	○	○	○	○

自然の香りで心身を癒す
ライフスタイルに合わせて香りを選ぶ

香りは脳にダイレクトに働きかけます。リラックスしたり、リフレッシュしたり、集中力を高めたり、元気になったり……と、自分のライフスタイルや状態に合わせて香りを選んでみましょう。特にフレッシュハーブの香りは、ほんのりと自然な香りでやさしく満たしてくれます。好みの香りのハーブを育て、ハーブティーやハーバルバスなどに使ってみるのもよいでしょう。

香りの種類によって効用が違う

ハーブやエッセンシャルオイルは、種類によって香りもその効用も違います。主な香りの種類と効果をみてみましょう。

香りの効能でハーブを選ぶ

4つの効能から、自分に合ったハーブを選んでみましょう。
場所や気分によって香りを変えて楽しむのもおすすめです。

リラックスする香り

・ローズ
・カモミールジャーマン
・ラベンダー
・リンデン

元気になる香り

・シナモン
・クローブ
・ジンジャー
・ブラックペッパー
・山椒

リフレッシュする香り

・ユズ
・オレンジ
・レモン
・レモンバーム
・レモングラス

集中力が高まる香り

・ローズマリー
・ペパーミント
・ジュニパー
・ユーカリ
・バジル

香りの楽しみ方

栽培中の香りを楽しむだけでなく、フレッシュハーブはさまざまな香りの楽しみ方があります。
フレッシュハーブの香りの楽しみ方には、料理に使用して味や香りを楽しむ方法、お風呂に入れてハーバルバスにする方法、ハーブティーにしたり、ハーブスチームをする方法、ハーブオイル、ハーブビネガーを作る方法などがあります。

Check!

ハーブの香りの選び方、楽しみ方

香りがあるハーブの選び方と楽しみ方は次の通りです。

- [ ] リラックス、元気になる、リフレッシュ、集中力など、目的に合わせて選ぶ
- [ ] 料理、お風呂、お茶、スチームなどに使用して楽しむ

お守りとして愛用されてきた香りの花束
室内に飾るならタッジーマッジーが◎

ッジーマッジーとは、ハーブと草花で同心円を描くように束ねられた花束のこと。この花束は、中世ヨーロッパで疫病が流行したときに、ハーブの香りと薬効で病を追い払うお守りとして持ち歩かれたのがはじまりです。現在の花束を贈る習慣も、この幸せを願うお守りの意味が引き継がれたもの。室内にハーブを飾るときは、タッジーマッジーにして幸せのお守りにしてみてください。

Point

大きめの花を中心に小花でバランスをとる

きれいなタッジーマッジーを作るための組み合わせのポイントを押さえておきましょう。

大きさのバランス

中央に大きめの花をまとめ、そのまわりを小花で囲むとバランスよくまとまります。そのまわりを葉物で囲むとなおよいでしょう。

色のバランス

色はバラバラに織り交ぜるのではなく、グルーピングして反対色を並べたり、同系色でグラデーションになるように並べるときれいにできます。

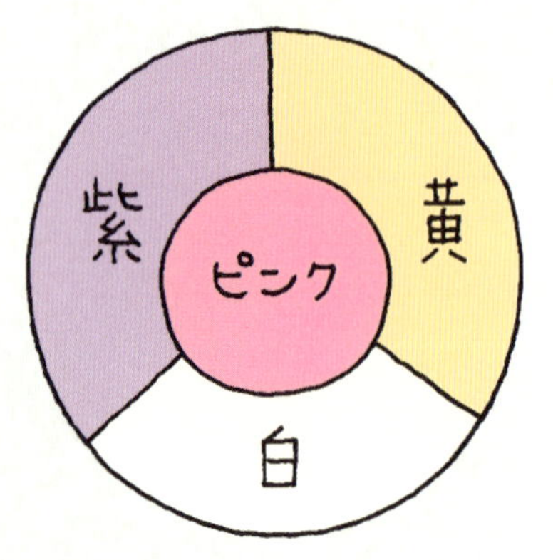

タッジーマッジーの作り方

タッジーマッジーの基本的な作り方を紹介します。
インテリアやプレゼントとして、
好きなハーブで作ってみましょう。

● 準備するもの

ローズ	3本	バジル	3本
ラベンダー	5本	ワイヤー	適量
セージ	5本	リボン	適量

※ハーブはフレッシュを使いましょう。
種類はお好みで。

1.
まずローズだけをまとめ、ラベンダーとセージでローズを囲むように束ねる。

2.
1のまわりをバジルで囲み、ワイヤーで巻いて花束を固定する。茎先は切り揃える。

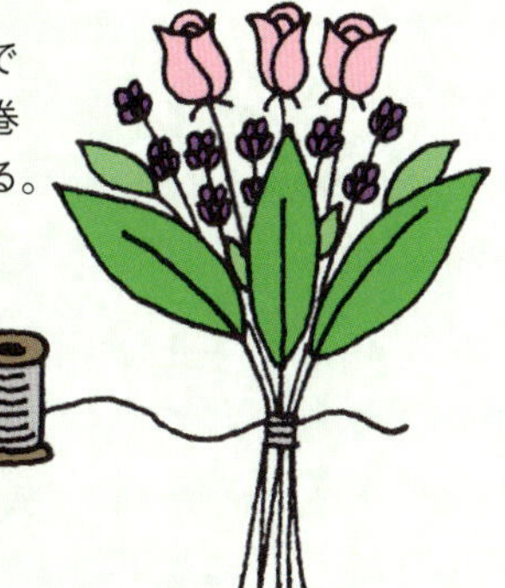

3.
2のワイヤーを隠すようにリボンを巻きつけ、最後に蝶々結びをしてでき上がり。

花言葉に思いを託す

ハーブの花言葉に願いを込めて、特別なタッジーマッジーを作ってみましょう。
ミントは「美徳」、ローズマリーは「思い出」、ローズゼラニウムは「よりいっそう好き」、カモミールは「逆境におけるエネルギー」、セージは「家庭的な美徳」、ラベンダーは「期待」など。ハーブの花言葉を調べてタッジーマッジーに願いを込めて作りましょう。

Check!
タッジーマッジーを作るコツ

きれいなタッジーマッジーを作るコツを覚えておきましょう。

- □ フレッシュハーブを複数種使う
- □ 大きな花を中心にしてまわりを小花、葉の順に囲む
- □ ワイヤーで固定してからリボンで結ぶ

47 ハーブを熟成させて香りを楽しむ ポプリを飾って空気清浄＆防虫

ポプリは「発酵させる」という意味を持ち、乾燥させた花や葉にエッセンシャルオイルや果皮を加えて熟成させ、香りを楽しむものです。ポプリの香りには空気を清浄したり防虫効果があり、色とりどりの花や果皮は見た目も楽しめます。香りは半年程もち、エッセンシャルオイルを加えると1年以上利用できます。ブーケやお祝い花など、思い出の花をドライフラワーにしておくのもおすすめです。

場所に合わせたポプリを選ぶ

ハーブの香りを長期間楽しむことができるポプリ。ポプリを作るときの注意点、また、場所別におすすめの香りを紹介します。

ポプリ作りの注意点

ポプリはよく乾燥させておきます。基本になるドライフラワーに、防虫などの効用を持つハーブ、エッセンシャルオイルなどを加えます。陶器かガラス製、布製の入れ物で飾りましょう。金属製のものは香りが反応するのでNGです。

場所別おすすめの香り

● 玄関
- ローズ
- ラベンダー
- レモングラス

● 靴箱
- ミント
- ユーカリ
- セージ

● トイレ
- ラベンダー
- ペパーミント
- ローズマリー

● 寝室
- ラベンダー
- カモミール
- マジョラム

● リビング
- マリーゴールド
- フリージア
- カモミール

● キッチン
- ペパーミント
- ローズマリー
- レモンバーム

Check! ポプリを作るコツ

ドライポプリを作るときのコツを押さえておきましょう。

- ☐ ポプリはよく乾燥させておく
- ☐ 効用のあるハーブやエッセンシャルオイルを選ぶ
- ☐ 入れ物は陶器かガラス製、布製のものを使う

手軽に楽しめるドライポプリとバンドルズの作り方

エッセンシャルオイルと保留剤を使った
ドライポプリの作り方を紹介します。

ドライポプリ

● 準備するもの

ドライのラベンダー … 1カップ
ドライのローズ ……… 大さじ4
ドライのミント ……… 大さじ4
ドライのレモングラス　大さじ4
ドライのナツメグ …… 小さじ1
保留剤 ……………… 小さじ1
ラベンダーの
エッセンシャルオイル …1、2滴
ボウル(金属製以外のもの)
ふたつきの容器

1.
乳鉢に保留剤を入れ、乳棒で砕いてパウダー状にする。エッセンシャルオイルを加える。

2.
1にドライハーブをすべて加え、乳棒を使ってよく混ぜる。

3.
容器に入れ、しっかりとふたをして直射日光があたらないところで2～3週間熟成させる。ときどき振って混ぜるとよい。

バンドルズ

バンドルズとはラベンダーを縦糸に、リボンを横糸にして編んだ束のこと。防虫効果のあるインテリアです。

● 準備するもの

フレッシュのラベンダー …11本
（11本以上の奇数ならOK）
リボン……………………… 適量
糸………………………… 適量

1.
ラベンダーの高さをそろえ、花のすぐ下を糸で結ぶ。

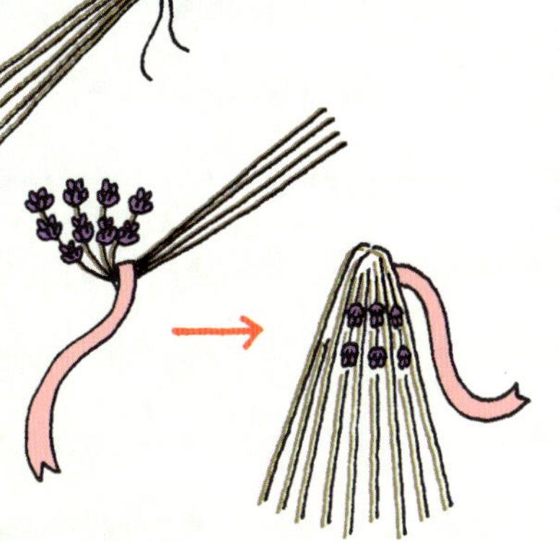

2.
糸が隠れるようにリボンを巻きつけ、そこを中心にして茎を折り曲げ、扇状にする。

3.
リボンを茎の表と裏へ交互にくぐらせて編みこむ。

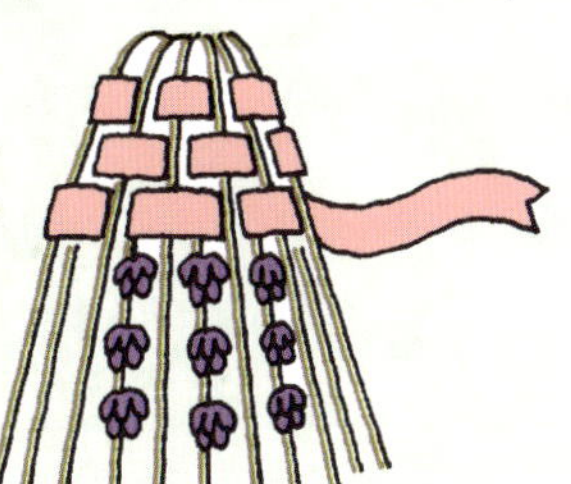

4.
編み終わりはリボンを巻きつけて固定し、ほかのリボンで蝶々結びをしてでき上がり。

48 エッセンシャルオイルを安全に楽しむ
天然のエッセンシャルオイルを使う

エッセンシャルオイルは植物から抽出した天然のものを使いましょう。ポプリオイルと記載されているものはアロマテラピーとして使用できません。エッセンシャルオイルは、好みや目的に合わせて選びます。リラックスしたいときはカモミール・ローマン、リフレッシュにはローズマリー、寝つきが悪いときはラベンダー、ダイエットをしたいときはグレープフルーツがおすすめです。

Point エッセンシャルオイルは原液では直接肌につけない

エッセンシャルオイルを使用するときは、
いくつかの注意点があります。取り扱いの注意点を覚えて、
安全にエッセンシャルオイルを活用しましょう。

1. 飲んだり、直接肌につけたり、目に入らないように注意する。
2. 保存期間は開封後約1年が目安です。ただし、柑橘系のものは酸化しやすいので6ヶ月以内に使い切るようにしましょう。また、柑橘系のエッセンシャルオイルを使用するときは「光毒性」に注意しましょう。

   ※光毒性…使用した直後に直射日光にあたると、しみや炎症の原因になる。
3. 瓶の蓋はゆっくり開け、斜め45度に傾けてゆっくりと滴下する。
4. 飛び散ると危険なので、瓶を振らない。
5. 使い終わったらふたをしっかりと閉め、瓶は寝かせたりせずに必ず立てて保管する。
6. 100%天然のエッセンシャルオイルを選ぶ（ポプリ用には合成香料を使用することがある）。
7. 高温・多湿をさけて冷暗所に置く。

室内で芳香浴を楽しむ

室内で空気中に香りを漂わせる芳香浴にはさまざまな道具があります。使い方やメリットから好みの方法を選んでみましょう。

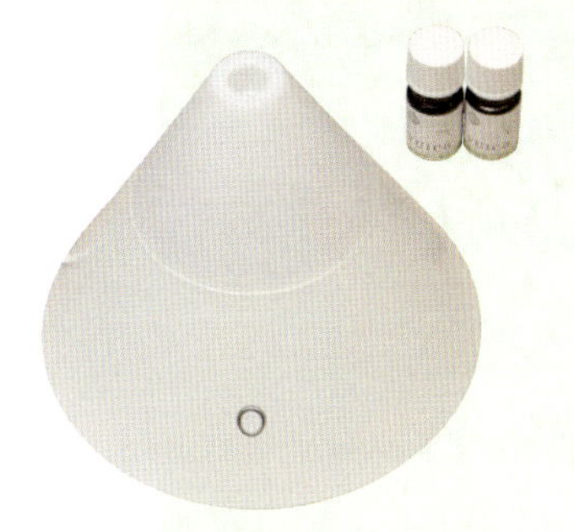

ディフューザー

電動式のファンやポンプでエッセンシャルオイルを拡散させる芳香器。加熱しないので成分が変質することなく、オイル本来の香りが楽しめます。香りが長持ちするのが特徴。

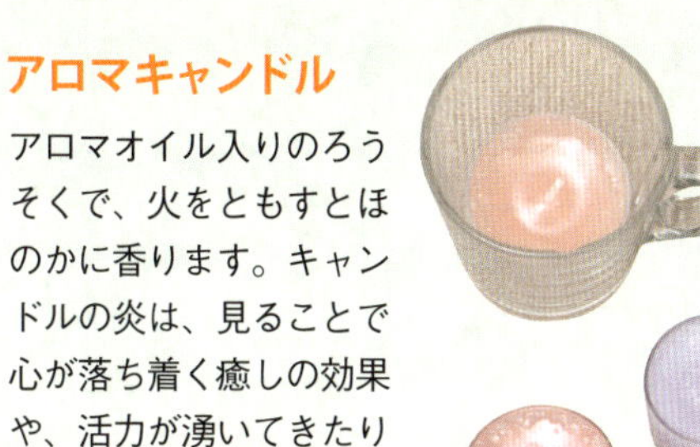

アロマキャンドル

アロマオイル入りのろうそくで、火をともすとほのかに香ります。キャンドルの炎は、見ることで心が落ち着く癒しの効果や、活力が湧いてきたりするといわれています。

シーツやまくらに

寝る直前にまくら、またはシーツの隅（直接肌に触れない場所）に、エッセンシャルオイルを1滴垂らします。しみになったら困るものには使用しないようにしましょう。

お湯と小さな容器で

来客時やオフィスでも手軽にできるのがこの方法。容器にお湯を適量入れ、エッセンシャルオイルを2～3滴垂らすだけ。ふわりとやさしい香りが室内を包みます。

ココに注意

妊婦さん、赤ちゃんへの注意

妊娠中の人や赤ちゃんにエッセンシャルオイルを使用するときは十分な注意が必要です。

妊婦さんへの注意

妊娠中は心も体も敏感になっています。エッセンシャルオイルの種類によっては刺激の強いものもあるので、香りをかぐ芳香浴でリラックス、リフレッシュを楽しみましょう。

赤ちゃんへの注意

3歳未満の乳幼児にボディートリートメントなど、エッセンシャルオイルが直接肌につく使用方法は避けましょう。芳香浴にとどめましょう。

Check!

エッセンシャルオイルの使い方

エッセンシャルオイル使用時の注意点を押さえ、安全で適切な方法で楽しみましょう。

- ☐ 100％天然のエッセンシャルオイルを使う
- ☐ 飲んだり、直接肌につけたり、目に入らないように注意する

49 リラックス効果と美肌作りにおすすめ
スキンケアにはフェイシャルスチーム

肌が乾燥してカサカサするとき、くすみや毛穴の汚れが気になるとき、化粧のりが悪いときには、ハーブのフェイシャルスチームがおすすめ。洗面器にドライハーブやエッセンシャルオイルを入れ、お湯を注いで湯気に顔をかざし、洗面器ごと頭からすっぽりとタオルをかぶるだけ。10分ほど湯気に当たると肌がしっとりときれいになり、ハーブの香りでリラックスすることもできます。

くすみや乾燥が気になるときはフェイシャルスチームを使う

ハーブフェイシャルスチームは、美肌作りや風邪予防など、私たちの体にうれしいさまざまな効果が期待できます。

クレンジング

蒸気を当てることにより毛穴が開き、肌の深部までクレンジングできます。お肌のくすみや毛穴の汚れが気になるときに効果的。

活性化

蒸気がハーブの有効成分を肌細胞に届けるため、肌を潤して落ち着かせ、刺激して活性化し、ハリを与えます。

リラックス効果

蒸気とともにハーブの香りをたっぷりと脳に届けることで、心を鎮めてリラックスすることができます。

風邪・花粉症

蒸気を吸い込むことでのどを潤し、鼻の通りをよくするため、風邪予防や花粉症の緩和に役立ちます。

フェイシャルスチームなら家でエステができる

ここで紹介する
フェイシャルスチームは
お手軽で経済的なエステ。
美肌とリラックスを手に入れましょう。

● 準備するもの

- 髪をカバーするヘアバンドなど
- 洗面器
- ドライハーブ ………… 10g
  またはエッセンシャルオイル
  ……………… 1～2滴
- 湯（80℃位）……………適量
- バスタオル

1. 髪をカバーし、顔をきれいに洗っておく。洗面器にドライハーブを入れ、80℃位のお湯を7、8分目まで注ぐ。

2. 水面から30cmほど上に顔をかざし、頭から洗面器まですっぽりバスタオルをかぶせ、蒸気を逃さないようにする。

3. 目を閉じて10分ほど蒸気にあたったら、ぬるま湯でさっと顔を洗ってタオルで水気を取り、乳液などをぬる。

症状に合わせたハーブの選び方

フェイシャルスチームに使うハーブは、肌の状態や体調に合わせて選ぶようにしましょう。

スキンケアにおすすめ

- ローズ … 乾燥肌（保湿）・老化肌（アンチエイジング）
- カモミールジャーマン … 保湿
- ヒース（エリカ）… 美白

のどや花粉症におすすめ

- ユーカリ … 鼻づまりの緩和
- マローブルー … のど・気管支の炎症の緩和
- ペパーミント … 殺菌・鼻づまりの緩和・リフレッシュ

Check!
フェイシャルスチームのコツ

フェイシャルスチームは手軽にできる家エステ。コツをつかんで上手に活用しましょう。

- □ 好みや症状に合わせて ドライハーブ、エッセンシャルオイルを選ぶ
- □ 蒸気を逃さないようにタオルをかぶり、10分くらい当てる
- □ スチーム後は、乳液などで肌を整える

天然の入浴剤
ハーバルバスは心身のケアに効果的

ハーバルバスは香りでリラックス、リフレッシュできるだけでなく、美容、冷え性、肩こりなどいろいろな薬効があります。ぬるめのお湯で10～15分間ゆっくりつかって癒されましょう。フレッシュハーブなら束ねて浮かべ、ドライハーブなら布袋に入れて浮かべればOK。手軽な上、天然の入浴剤として安心して取り入れられます。目的に合わせてハーブを選んで楽しみましょう。

ハーブは目的に合わせて選ぶ

ハーブはそれぞれ効用が違います。お好みのハーブを選ぶか、複数のブレンドを楽しんでみてもよいでしょう。

目的	ハーブ
リラックス	ジャーマンカモミール、ラベンダー、リンデン
リフレッシュ	ローズマリー、レモングラス、ローリエ（月桂樹）
冷え性	ジンジャー、ジャーマンカモミール
肩こり・腰痛	ラベンダー、スイートマジョラム、ローズマリー
美容	ローズ、リンデン、マリーゴールド
ダイエット	ジュニパー、ローズマリー、フェンネル

ハーバルバスの種類と楽しみ方

ハーバルバスとひとことでいってもいろいろな方法があります。
自分に合った方法で心地よいバスタイムを楽しみましょう。

煮出したハーブエキスを入れたお風呂。ドライハーブなら20g程度、フレッシュなら40g程度を鍋に入れ、1ℓのお湯で7～8分煮出し、ざるでこしたエキスをバスタブに入れます。

ハーブバス

ハーブを浮かべたお風呂。ドライハーブの場合は1カップ程度を布袋に入れて、フレッシュハーブの場合は10本程度の枝をひもで束ねてお湯に浮かべます。

ハンド・フットバス

部分的にお湯につける楽しみ方。手荒れが気になるとき、足がむくんでしまったときにおすすめ。洗面器にハーブと熱湯を入れ、15分ほど置いてから手や足をつけ、指を開いたり閉じたり、手足首を動かしたりします。

エッセンシャルオイルでもっと手軽に

忙しいときでもハーバルバスを楽しみたい……そんなときは、エッセンシャルオイルを使いましょう。お手軽にハーバルバスを楽しめます。
バスタブにお湯をはっている途中にエッセンシャルオイルを1～3滴たらして、お湯全体にオイルをいきわたらせます。肌にオイルが直接触れないよう、よくかき混ぜてから入りましょう。

Check!
ハーバルバスの楽しみ方

バスタイムをより充実させたり、日々のリフレッシュタイムに活用してみましょう。

- ☐ 香りや成分の効能を知ってハーブを選ぶ
- ☐ フレッシュハーブは枝をひもで束ねてお湯に浮かべる
- ☐ ドライハーブは布袋に入れてお湯に入れると後始末が簡単

香りつきのハンカチ、ポプリなど……
外出先では布小物で香りを楽しむ

仕事中に眠気をスッキリさせたいときやリフレッシュしたいとき、出張や旅行の宿泊先でリラックスしたいとき、花粉症対策をしたいときなど、外出先でアロマテラピーを活用したいときには、エッセンシャルオイルやポプリが便利。持ち運びが楽なので、気分に合わせて香りを変えたり、ブレンドもできます。エッセンシャルオイルなら布につけて、ポプリならサシェなどにして活用しましょう。

オイル、ポプリなら手軽に使用できる

フレッシュハーブの香りを外出先で楽しむことは難しいですが、オイルやポプリなら持ち運びに便利で活用範囲も広がります。

エッセンシャルオイル

手軽に香りを持ち歩け、気分に合わせて香りのバリエーションを楽しめます。一瞬にしてリラックス、リフレッシュなど気分転換ができます。また、ブレンドしてオリジナルの香りを楽しんでもよいでしょう。ポプリに比べ比較的香りが長持ちするのが特徴です。

ポプリ

自然な香りを楽しめるポプリ。色や形を見たり、触ったりすることで癒し効果も期待できます。ポプリの香りを楽しみたいときは、サシェにして持ち歩くのがおすすめ。アイピローに入れて出張先で使用したり、安眠枕にも活用できます。

外出先では香りつきのハンカチでリフレッシュ

身近なもので簡単に香りを楽しめる方法を紹介します。
外出先でもエッセンシャルオイルを活用できて便利です。

ハンカチ・ティッシュにつける

好きな香りを1～2滴つけて、カバンやポケットに入れておき、香りを楽しみたいときに出して使いましょう。

マスク・下着につける

花粉症のときはマスクの外側の端にペパーミントなどを1滴つけて。コットンにつけてブラジャーの中にしのばせておくのも◎。

スプレーにする

好きな香りでアロマスプレーを作って持ち歩き、リフレッシュしたいときにひと噴き。さわやかな空間を楽しめます。

名刺

名刺入れの中に好きな香りをつけた試香紙を入れて名刺に香りを移らせます。直接つけると染みになるので注意。

変色させてしまうエッセンシャルオイル、変色しやすい材質

エッセンシャルオイルは布につけると変色してしまう場合があります。次の点に注意して、上手にエッセンシャルオイルを活用しましょう。

色がついているオイル

レモンやオレンジなどの柑橘系、レモングラス、ブルーカモミール、ベンゾインなどはオイルに色がついているので、布地に染みを作ってしまうので注意しましょう。

無色のオイル

無色のオイルであってもシルクや白い生地など染みになりやすいものには使わないようにしましょう。

Check!

外出先で香りを楽しむコツ

仕事中や旅行先などでもアロマテラピーを楽しむコツは次のとおり。

- □ エッセンシャルオイル、ポプリを使うと手軽にできる
- □ ハンカチ、ティッシュ、マスクなどにつけておく
- □ スプレーを作って持ち歩く

52 消臭・防虫・殺菌などの効果を持つ
アロマスプレーで清潔な空間を作る

アロマスプレーは、エッセンシャルオイルを無水エタノール、精製水と混ぜ合わせてスプレー容器に入れ、使いやすくしたもの。シュッとひと噴きするだけで、いつでもどこでもハーブの効用を得ることができます。例えば、不快なにおいを軽減する消臭、肌に安心な防虫、菌やウイルスの殺菌効果など、その使い道はさまざま。目的に合わせて常備し、家でも外出先でも使ってみましょう。

アロマスプレーは消臭、防虫効果を持つ

アロマスプレーがあれば、部屋の香りづけ、消臭、防虫、殺菌などが手軽にできて便利。その利便性と効果を紹介します。

香りづけ　ひと噴きで部屋や布小物を好きな香りにできるので、どこでも手軽にリラックスや気分転換をすることができます。仕事中の眠気覚ましにもおすすめ。

消臭　消臭効果のあるエッセンシャルオイルを使い（P.113参照）、タバコや部屋の不快なにおいを軽減します。

防虫　肌に負担がかからない防虫スプレーを手作りできます。心地よい香りですが、虫を寄せつけません。

殺菌　エッセンシャルオイルの持つ殺菌・抗菌・抗ウィルス作用を利用して清潔な空間を保ち、風邪予防などに役立ちます。

香りづけ・消臭・殺菌

防虫

アロマスプレーの作り方

さまざまな用途に使えるアロマスプレーの作り方はとっても簡単。
無水エタノールや精製水は薬局で購入できます。

● 準備するもの
- 無水エタノール … 5mℓ
- エッセンシャルオイル ……………… 10滴
- 精製水 …………… 45mℓ
- スプレーボトル

1. スプレーボトルに無水エタノールを入れ、エッセンシャルオイルを加える。一度ふたをして、容器を振って混ぜ合わせる。

2. 精製水を加えてさらに混ぜ合わせる。使用する前によく振ってから使う。

アロマスプレーにおすすめの香り

●**香りづけ（リラックス）**
- ラベンダー
- カモミールローマン
- スイートマジョラム

●**香りづけ（リフレッシュ）**
- ローズマリー
- グレープフルーツ
- ペパーミント

●**消臭**
- ベルガモット
- シトロネラ

●**防虫**
- レモングラス
- サントリナ

●**殺菌**
- ティートリー
- ペパーミント

アロマスプレーの上手な保存法

アロマスプレーの保管方法には、いくつかのポイントがあります。上手に保管してよい状態を保つようにしましょう。

保管場所

保管する場所は光が当たらず、涼しくて湿気が少ない場所が理想です。高温や紫外線は劣化を早めます。また、湿気が多いと変質し、不快な香りになってしまいます。

保管期間

遮光性のスプレーボトルに入れて保管し、2週間を目安に使い切るようにしましょう。

Check!
アロマスプレーを活用するコツ

目的、作り方、保管法を知って、心地よい香りと効果を生活に取り入れましょう。

- [ ] 香りづけ、消臭、防虫、殺菌など、用途に合ったエッセンシャルオイルを選ぶ
- [ ] 作るときは無水エタノールにエッセンシャルオイルをよく混ぜることがポイント
- [ ] 遮光性のスプレーボトルに入れ、冷暗所で保管する

吸湿力と消臭力で効果大
重曹＋アロマで消臭剤を作る

料理やお掃除に使われている重曹は脱臭、吸湿効果もあることが知られています。そこに消臭、殺菌効果のあるエッセンシャルオイルで香りづけをすれば、リフレッシュできる心地よい香りの消臭剤を作ることができます。クローゼット、台所まわり、下駄箱、玄関など、場所や用途に合わせた香りでオリジナルのアロマ消臭剤を作ってみましょう。再利用できるのでエコで経済的です。

重曹の脱臭力にエッセンシャルオイルの香りが加わって消臭効果アップ

もともと脱臭力のある重曹にエッセンシャルオイルを加えれば、心地よい香りの消臭剤に。人と環境にやさしいのもうれしい特徴です。

重曹とは

重曹は天然鉱物を精製して作られた粉末で、正式名は「炭酸水素ナトリウム」といい、料理やお掃除など、幅広く使えます。料理やお菓子作りでは食材を柔らかくしたり、アク抜きをするとき、ベーキングパウダーとしても使われます。研磨効果や乳化効果があり、油汚れや手あかにも強いため、お掃除のときも大活躍します。さらに、脱臭、吸湿効果もあるのでクローゼットの除湿剤、消臭剤としても最適です。

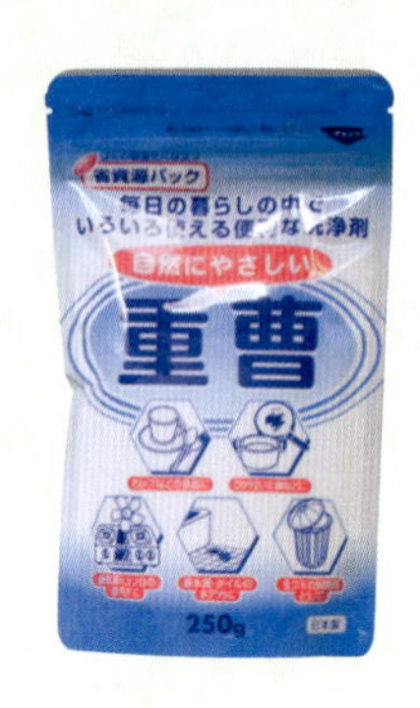

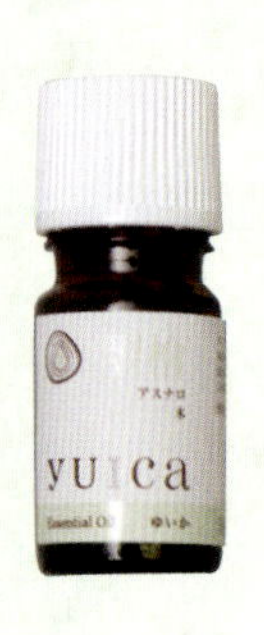

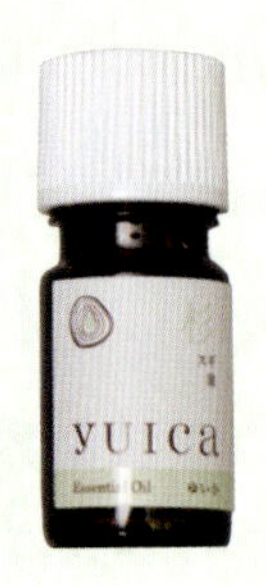

アロマをプラスして

消臭、殺菌、リフレッシュ効果があるエッセンシャルオイルの香りを重曹に加えることで、心地よい香りの消臭剤として使うことができます。場所別、目的別に香りを使い分けて作ってみましょう。

ハーブの香りが加わったおしゃれな消臭剤を作る

重曹とエッセンシャルオイルだけで簡単に作れる消臭剤。
かわいい小瓶に入れれば見た目もおしゃれで、インテリアとしても◎。

● 準備するもの
- ガラス瓶 ………… 1個
- 重曹…………………… 適量
- お好みの
  エッセンシャルオイル
  …………… 2～3滴
- 布（通気性のよい綿など）
  ガラス瓶の口より
  2～3cm大きいサイズ
- リボン……………… 適宜

1. ガラス瓶に重曹を入れ、エッセンシャルオイルを2～3滴垂らす。
2. 瓶の上からふたをするように布をかぶせてリボンで固定する。見た目がよく、こぼれる心配もなくなる。

場所別おすすめの香り

●玄関	●クローゼット	●台所まわり	●下駄箱
・グレープフルーツ	・ラベンダー	・スイートオレンジ	・ティートリー
・ヒノキ	・レモン	・ペパーミント	・ヒバ

重曹が固まったら お掃除に使おう

重曹はお掃除にも使えるすぐれもの。消臭剤として使った重曹も、そのまま掃除用として使えます。再利用できるエコアイテムをぜひ活用しましょう。
香りが薄れてきたらエッセンシャルオイルを再度垂らせばよいですが、重曹が固まってきたら吸湿して機能が低下しているサイン。瓶から出して、掃除用として使いましょう。重曹はアルカリ性のため、酸性の油汚れ、手あかに強く、研磨効果があるので、台所まわりなどのこびりついた汚れに効果的です。

Check!
重曹＋エッセンシャルオイルの消臭法

重曹とエッセンシャルオイルで簡単に作れる消臭剤。ぜひ、活用しましょう。

- □ 目的や場所に合わせて香りを選ぶ
- □ 香りが薄れても、再度エッセンシャルオイルを垂らせばOK
- □ 重曹が固まってきたらお掃除に再利用

54 ファブリックを快適に
素肌に安心なリネンウォーターを手作り

リネンウォーターは、エッセンシャルオイルを作るとき抽出した後に残る香りがついた蒸留水のこと。アイロンがけだけでなく、洗濯時に入れたり、ファブリックをリフレッシュしたりと、いろいろな使い道で香りの効果を楽しめます。精製水とエッセンシャルオイルで作ることができるので、好みや効用で香りを選んで、保存料なしの安心なリネンウォーターを作ってみましょう。

Point 手軽に使えて肌に安心

手作りのリネンウォーターは、さまざまなメリットがあります。手軽に使えるので、ぜひ活用しましょう。

リネンウォーターのメリット

- パジャマやシーツ、まくらカバー などに手軽にスプレーできます。
- 殺菌効果のあるエッセンシャルオイルを使えば身のまわりのものを清潔に保つことができます。
- 天然のエッセンシャルオイルの香りでリフレッシュやリラックスができます。
- 保存料を含まないので肌に安心。

リネンウォーターにおすすめの香り

- **ハンカチ**
  ローズマリー、ラベンダー、ティートリーがおすすめ。殺菌、防臭効果があります。
- **枕カバーやシーツ**
  ローマンカモミールやラベンダーがおすすめ。リラックスでき、心地よい眠りにつけます。

リネンウォーターの作り方

好みの香りや、気分に合わせた香りで
オリジナルリネンウォーターを作ってみましょう。

● 準備するもの
・無水エタノール … 10mℓ
・エッセンシャルオイル… 10滴
・精製水 … 90mℓ
・スプレーボトル

● 保存法
直射日光を避けた場所に保管し、2週間位で使いきりましょう。使用するときはよく振ってから使いましょう。

1. 無水エタノールに好みのエッセンシャルオイルを加えてよく混ぜる。

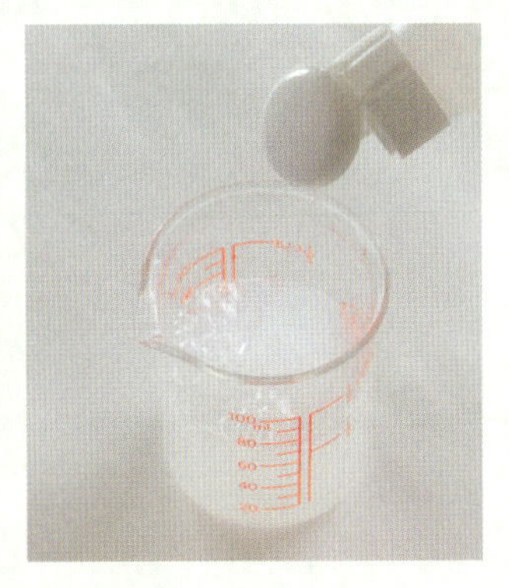

2. 1に精製水を加える。

3. スプレーボトルに移す。

マメ知識

リネンウォーターの由来

ファブリックの香りづけに使う水は、なぜリネンウォーターと呼ばれるのでしょうか。
リネンはヨーロッパで古くから愛されてきた素材で、麻の一種の亜麻で作った織物のこと。綿より乾燥しやすい素材のため、霧吹きで湿気をたっぷり与えてからアイロンをかける必要があり、その水を香りつきのものにして楽しんだのがリネンウォーターの始まりです。今ではリネン以外のファブリックやお部屋に使うものでもリネンウォーターと呼ばれます。

Check!
手作りリネンウォーターを使うコツ

手作りするメリットを活かしてどんどん活用しましょう。

- □ 効用でエッセンシャルオイルを選ぶ
- □ 寝具や肌に触れるものでも安心して殺菌、リフレッシュ
- □ 直射日光を避けた場所に保管し、2週間位で使い切る

手作りすれば経済的
ドライハーブのサシェで衣類を防虫！

衣類の防虫剤もドライハーブを使えば手作りすることができます。防虫効果があるハーブはローズマリー、ラベンダー、レモングラス。それらのドライハーブをガーゼに包み、布袋に入れてクローゼットに吊るしたり、タンスに入れておけばOK。エッセンシャルオイルをドライハーブに加えれば、効果を持続できるので経済的なメリットも。ハーブの自然な香りで防虫できるうれしいアイテムです。

エッセンシャルオイルを使用すれば長持ちする防虫剤に

通常、ドライハーブを使った防虫サシェの有効期限は3ヶ月程度ですが、次のような方法で効果を長持ちさせることができます。

防虫効果を長持ちさせる方法

●手で揉む
香りが薄くなってきたら、サシェを手で軽く揉むと中のドライハーブが混ざり、香りが強くなります。揉んでも香りが薄い場合は、ドライハーブを取り替えましょう。

●直射日光を避ける
直射日光に当たるとドライハーブの香りが早く揮発してしまい、香りの持続期間が短くなってしまいます。香りを長持ちさせたいときは、直射日光が当たらない場所で使用するようにしましょう。

●エッセンシャルオイルを使用する
長期間使用して香りが薄くなったら、ドライハーブにエッセンシャルオイルを加えましょう。エッセンシャルオイルで香りを継ぎ足していけば、また使用することができます。

防虫に効果的なハーブ

・ローズマリー
・ラベンダー
・レモングラスなど

防虫サシェの作り方

家にある端切れとリボンを使って、ドライハーブを詰めた防虫サシェを作ってみましょう。

● 準備するもの

- 布 …………… 縦10cm×横20cm
- リボン ………………………… 適宜
- ガーゼ(または綿)… 縦8cm×16cm
- ドライハーブ
  … ローズマリー(またはラベンダー、レモングラス)を適量

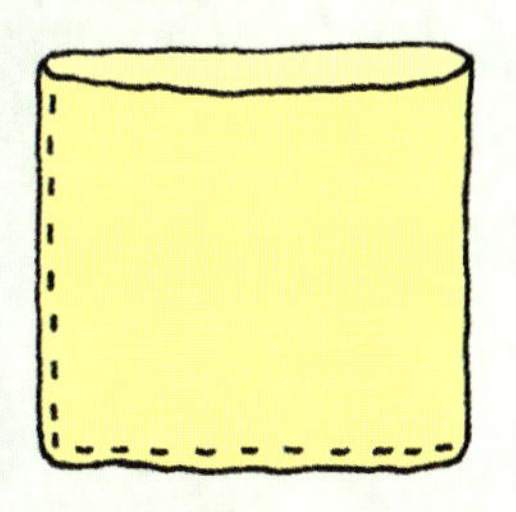

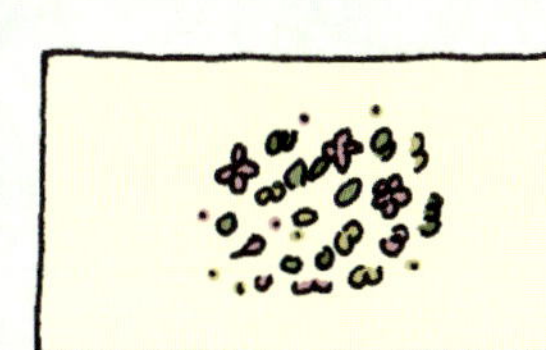

1. 好みの形や大きさに切った布を中表に折り、1辺だけ残して縫い、表に返す。

2. ガーゼまたは綿を広げたものにドライハーブを包んで1に入れる。

3. 袋の口をリボンで結んで完成。クローゼットに吊るすときは、リボンを長くする。

サシェでハーブピロー

ドライハーブのサシェは防虫だけでなく、ハーブピローとしても使えます。

ハーブピローは大きめに作って枕の下に入れたり、小さめに作ってアイピローの中に入れたりして使います。ラベンダーやホップ、カモミールなどのリラックス効果のあるドライハーブを使えば、安眠できるハーブピローができ上がります。

Check!
防虫サシェを使うコツ

ハーブの香りで衣類を守る防虫サシェ。上手に使いこなすコツをおさらいしましょう。

- □ ドライハーブをガーゼに包み、布袋に入れて使用する
- □ 香りが薄くなったら、ドライハーブを替えるかアロマオイルを加える
- □ 防虫にはローズマリー、ラベンダー、レモングラスが有効

56 家でエステ気分を味わえる
ハーブの香りでオイルマッサージ

エッセンシャルオイルとベースオイルを準備すれば、アロマオイルマッサージを自宅で手軽にすることができます。オイルマッサージの効果は、筋肉の緊張をほぐし、むくみや疲労回復など。オイルの有効な成分が皮膚を通して体に浸透し、マッサージで血行をよくして肌をなめらかにします。また、リンパの流れをよくすることで老廃物を尿として体外へ排出させてくれます。

マッサージに使える香りを選ぶ

エッセンシャルオイルの中でもマッサージに使えるものとそうでないものがあります。自分に合ったオイルを選びましょう。

マッサージに使えるエッセンシャルオイル

ジュニパー	むくみ解消、デトックス効果
サンダルウッド	肌荒れ、心を落着かせる
マジョラム	肩こり解消、血行促進
グレープフルーツ	脂肪燃焼、ダイエット
ネロリ	肌をやわらかくし、活性化させる
ローズオットー	ホルモンバランスを整える

自分に合ったエッセンシャルオイルの選び方

- **好きな香りを選ぶ**
- **自分の肌質に合ったものを選ぶ**
  乾燥肌→サンダルウッド　脂性肌→イランイラン
- **目的にあわせて選ぶ**

スキンケア	サンダルウッド、ローズオットー
ダイエット	グレープフルーツ、ジュニパー
ストレス解消	ラベンダー、カモミールローマン
集中力アップ	ローズマリー、レモン

Check!
マッサージオイルの選び方と使用法

マッサージオイルの選び方と使用法を覚えておきましょう。

- □ 好み、肌質、目的に合わせて香りを選ぶ
- □ 植物油をベースオイルにして作る
- □ 手のひらや指を使い、さする、揉む、押すなど部位に合わせて刺激する

香りに癒されるマッサージオイルの作り方

家庭で手軽に作れるマッサージオイルの作り方を紹介します。
ハーブの香りとマッサージでリラックス効果が相乗されます。

作り方

ベースオイルに100%天然のエッセンシャルオイルを加えて混ぜます。ボディーマッサージに使うエッセンシャルオイルの量は全体の1%。フェイシャルマッサージに使用するときは全体の0.5%で使用します。

マッサージオイルの配合

	エッセンシャルオイル（1%）	エッセンシャルオイル（0.5%）
ベースオイル（10mℓ）	2滴	1滴
ベースオイル（30mℓ）	6滴	3滴

※エッセンシャルオイル1滴＝0.05mℓ

代表的なベースオイル（植物油）

スイートアーモンド
肌にやさしい

ホホバオイル
肌タイプを選ばず、持ちがよい

マカデミアナッツオイル
肌を若く保つ

ローズヒップ
美白・アンチエイジング

グレープシード
さっぱりしていて、のびがよい

マッサージの方法

さする（軽擦法）
手のひらや指を使い、リンパの流れに沿って、肌表面を軽く触れます。

揉む（揉捏法）
手のひらや指を使い、筋肉をほぐすように圧を加えます。

押す（圧迫法）
手のひらや指を使い、凝っている部分や気になる部分を押します。

ツボを知る

ツボを刺激することで得られる効用を紹介します。ハーブの香りと効用とあわせ、日々のリラックスタイムに活用してみましょう。

曲池
肘を折り曲げてできるシワの端
・自律神経調整
・口内炎・アトピー

内関
手首内側から指三本上
・精神ストレス

外関
手首の中央から指三本上
・腕の疲れ・めまい

合谷
・手の甲側の親指と人差し指の間
・肩こり・頭痛
・眼精疲労

委中
ひざの裏の中央
・腰痛・坐骨神経痛
・椎間板ヘルニア

失眠
かかとの中央
・不眠症・膝の痛み

足心
土踏まずの中央
・ヒステリー
・精神不安

承山
ふくらはぎの盛り上がりのところ
・腰痛

崑崙
外くるぶしの後ろ
・腰痛・坐骨神経痛
・足の疲れ

湧泉
指を曲げるとへこむところ
・内臓の働きを高める

57 天然ハーブのエキスがたっぷり
肌質に合った化粧水を作る

天然のエッセンシャルオイルを使えば、ハーブエキスたっぷりの手作り化粧水を作ることができます。精製水と植物油に好みのエッセンシャルオイルを混ぜるだけで完成。化粧水におすすめのオイルはラベンダー、ゼラニウム、ローズマリー、オレンジ・スイート、カモミール・ローマンなどです。作った化粧水は遮光性の瓶で保存し、2週間程度で使い切るようにしましょう。

化粧水におすすめのエッセンシャルオイル

ハーブごとに肌に与える効用は違います。化粧水を作るときは、目的に合ったエッセンシャルオイルを選びましょう。

ハーブ名	効用
ラベンダー	肌を清潔に保ちます。
ゼラニウム	甘い香りで皮脂バランスを整え、美肌効果があります。
ローズマリー	「若返りのハーブ」といわれます。アンチエイジングケアに。
オレンジ・スイート	肌に活力を与えます。
カモミール・ローマン	肌をしっとりと保つ、保湿効果があります。

★注意

エッセンシャルオイルの中には光毒性のあるものがあります。光毒性とは、柑橘系のエッセンシャルオイルを使用した直後に直射日光にあたると、しみや炎症の原因になること。エッセンシャルオイルを使用するときは注意しましょう。

ハーブ化粧水の作り方

エッセンシャルオイルを使った化粧水の作り方はとっても簡単。
季節やそのときの肌の調子に合わせて作ってみましょう。

●準備するもの

- 植物油 … 2mℓ
- 目的に合わせた
  エッセンシャルオイル … 1～3滴
- 精製水… 98mℓ
- ビーカー、または計量カップ
- ガラス棒（割り箸などで代用可能）
- 遮光性の容器

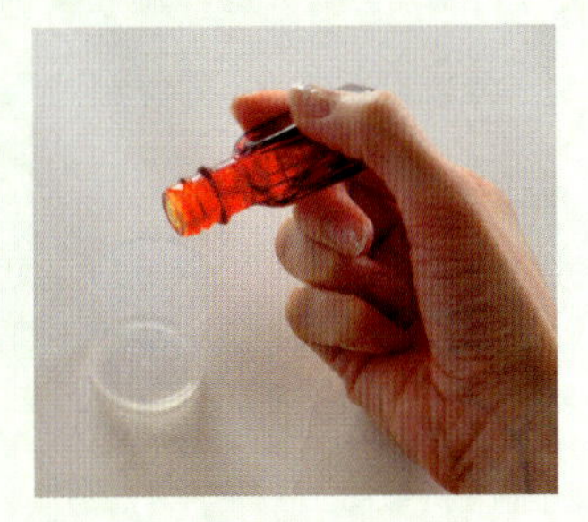

1. ビーカーに植物油とエッセンシャルオイルを入れ、ガラス棒でよく混ぜる。

2. 遮光性のある容器に移す。

3. 2に精製水を加えてよく混ぜる。

●注意点

- 使用する前によく振ってから使う。
- 使用期限は、約2週間が目安。
- 使用する前にパッチテストをする。

●保存方法

- 遮光瓶で保存する。
- 冷暗所で保存する。

ハーブコンプレスを化粧水にする

コンプレスとは抽出液のこと。ハーブティーの抽出液を化粧水にする方法を紹介します。濃い目のハーブティーは化粧水として使えるものがあります。ローズは収斂、カモミールジャーマンは保湿、マリーゴールドは美白、ラベンダーは殺菌などです。濃い目のハーブティーを入れ、洗顔後にコットンで肌に馴染ませるだけでOK。

Check!
手作り化粧水のコツ

エッセンシャルオイルを使った手作り化粧水のコツを押さえておきましょう。

- □ 精製水と植物油と天然のエッセンシャルオイルで作る
- □ 目的に合わせたエッセンシャルオイルを選ぶ
- □ 遮光性のある容器で保存する
- □ 柑橘系のエッセンシャルオイルの光毒性に注意する

58 ボディオイル、ヘアリンス、スクラブ
ハーブでボディケアアイテムを作る

ハーブの効用は、お茶や料理から体内に取り入れるだけでなく、ボディオイルやヘアリンス、スクラブなどのボディケアからでも取り入れることができます。ハーブやエッセンシャルオイルを使って、自分の肌質に合わせたボディケアアイテムを作ってみましょう。敏感肌の人や、肌荒れがある場合は、使用する前に必ずパッチテストを行うようにしましょう。

ボディケアに エッセンシャルオイル＆ハーブを活用する

ボディオイル、ヘアリンス、スクラブにおすすめのエッセンシャルオイル、フレッシュハーブを紹介します。

ボディオイルにおすすめのエッセンシャルオイル

ラベンダー	リラックス作用、不眠改善
マジョラム	血行循環をよくする、筋肉痛、肩こり
ゼラニウム	生理不順、むくみ、更年期症状の緩和

リンスにおすすめのエッセンシャルオイル

ローズマリー	血行を促す
レモン	髪を強くし、成長を促す
ペパーミント	髪を清潔に保ち、リフレッシュさせる

スクラブにおすすめのハーブ

・ローズ…美肌効果、老化を防ぐ
・マリーゴールド…肌をなめらかにする、保湿
・ヒース、エリカ…美白、美肌作り

※スクラブの注意事項
・肌への刺激を考えて、やわらかい花の部分を使用しましょう。（ガクの部分は取り除く）
・毎日のケアではなく、月に1～2回くらいのケアとして取り入れます。

Check! ボディケアの注意事項

ハーブでボディケアアイテムを作るときは次の点を注意しましょう。

- □ 使用前に必ずパッチテストを行う
- □ エッセンシャルオイルは天然のものを使う
- □ ハーブはやわらかい花の部分を使うとよい

ボディケアアイテムを手作りする

エッセンシャルオイルやドライハーブを使って
ボディケアアイテムを手作りしてみましょう。

ボディオイル

●準備するもの

全身用
・ベースオイル（植物油）…30mℓ
・エッセンシャルオイル…6滴以内
・保存容器

手、足用
・ベースオイル（植物油）…10mℓ
・エッセンシャルオイル…2滴以内
・保存容器

顔用
・ベースオイル（植物油）…10mℓ
・エッセンシャルオイル…1滴
・保存容器

1. 容器にベースオイルを入れる。ベースオイルは1種類でもよいし、2種類ブレンドしてもOK。
2. 1にエッセンシャルオイルを加える。
3. 容器を振って混ぜる。

ヘアリンス

●準備するもの

・無香料のリンス
（シャンプーでも可）…………… 50mℓ
・エッセンシャルオイル …… 10滴以内
・ふたつきの容器

1. 容器にリンスを入れる。
2. 1にエッセンシャルオイルを加える。
3. 容器を振って混ぜる。

スクラブ

●準備するもの

・ドライハーブ … 適量　・電動ミル　・ボウル
・熱湯 …………… 適量　・茶こし

1. ハーブを電動ミルで粉末にする。
2. 粉末になったハーブを茶こしでこして繊維を取り除く。
3. ボウルに2を入れ、熱湯を少しずつ加えて、適度なかたさにする。
4. 肘や踵など気になる部位にぬり、円を描くように軽くさする。その後、水またはぬるま湯で洗い流す。

香りがよくてお肌にやさしい
効用から選んで作るハーブ石けん

ドライハーブを使って、手作り石けんを作ることができます。手作り石けんは無添加でお肌にやさしく、ハーブがほんのり香るのが特徴。使用するハーブの種類によって保湿、皮膚の保護、収斂、ヘアケア、皮脂のバランスを整える、殺菌、抗菌、美白などさまざまな効果を期待することができます。お菓子のように色も形もかわいく仕上がるので、家族で楽しめます。

石けん作りにドライハーブを使う

石けん作りにおける材料の取り扱いや計量など、大切な3つのポイントを押さえておきましょう。

1. ドライハーブは目的に合わせて選び、そのまま、またはミルなどで軽くひいてから使用します。
2. 防腐剤を使っていないので、カビが生えないように十分に乾燥させます。
3. 加える水分量（ハーブティー、またはぬるま湯）は、かたさをみながら調節します。ハチミツや植物油などを少量加えると、しっとりとした石けんに仕上がります。

石けん作りにおすすめのハーブ

石けん作りに向いている、効用のあるハーブを紹介します。

ハーブ	効用
ジャーマンカモミール	保湿
マリーゴールド	皮膚の保護、修復
ローズマリー	収斂、ヘアケア
ラベンダー	皮脂のバランスを整える、肌を清潔に保つ
ターメリック	抗菌
ローズ	皮脂分泌の調整
ローズヒップ	スクラブ
ペパーミント	収斂、殺菌
ヨモギ	乾燥肌、肌荒れ
マルベリー	肌荒れ、美白

ハーブ石けんの作り方

好きなハーブを使って石けんを作ってみましょう。

準備するもの

- 石けん素地…120g
- エッセンシャルオイル …1～3滴
- ドライハーブ …適量（飾りにあわせて）
- ハーブティー…20mℓ
- はかり
- ビニール袋…1枚
- 型（好みの形のもの）
- キッチンペーパー
- バットなどの平らな容器

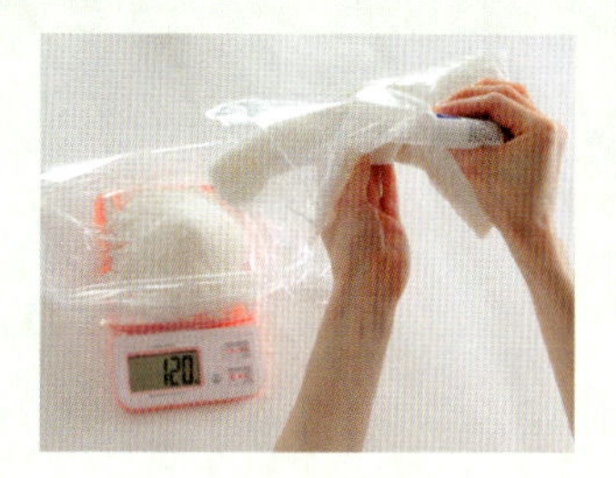

1. ハーブティーを作り、計量する。ドライハーブは細かく刻む。石けん素地を計量する。

2. ビニール袋の中に石けん素地、好みのエッセンシャルオイル、ドライハーブ、ハーブティーを少量加える。

3. 手で材料を混ぜる。残りのハーブティーを加え、ある程度かたまるまでよくこねる。

4. 石けんを1.5cmくらいの厚さにのばし、好みの型で抜く。

5. 容器にキッチンペーパーを敷き、その上に石けんを置く。風通しのいいところで硬くなるまで1～2週間程度乾燥させてから使う。

型、色、飾りで楽しもう

工夫次第で、形や色、飾りもアレンジ可能。
おしゃれな石けんを作ることができます。

1. ハーブやスパイスの持つ色を使って石けんに色をつけることができます。
2. 手で成形したり、お菓子の型などを使えばさまざまな形を作ることができます。
3. ハーブの形を活かした飾りつけができます。

Check!
ハーブ石けんの特徴

手作りハーブ石けんの特徴をまとめました。ぜひ、生活の中に取り入れてみましょう。

- □ 無添加だからお肌にやさしい
- □ ハーブがほんのり香り、効用も期待できる
- □ 好きな形や色で作ることができる

ハーブティーを飲んだ後は
残った茶葉は二次利用する

ハーブティーを毎日飲んでいると、たくさんの出がらしが出ます。出がらしは捨てるしかないと思いがちですが、二次利用する方法があります。出がらしにもハーブの天然の薬効成分が残っているので、活用する価値は大いにあります。お風呂に入れてハーバルバスにしたり、煮てジャムを作ったり、土に混ぜて堆肥を作ったりすることができます。

残った茶葉を活用するコツ

出がらしもこんな風にアレンジすれば、使い道はたくさん！
手軽に再利用できる方法を紹介します。

ジャムにする

ローズヒップやハイビスカスは砂糖やハチミツで煮てジャムを作れます。出がらしに対し、3倍位の水とハチミツを適量入れて、焦げないように弱火で煮詰めればでき上がり。

堆肥に使う

ハーブの肥料として使うのもおすすめ。新聞紙などの上に出がらしを広げ、乾燥させてから、土に混ぜて使いましょう。

お風呂に入れる

出がらしを入浴剤がわりに使ってみましょう。そのまま使うのではなく、ティーパックに入れてからバスタブに入れれば、後片づけも楽です。

Check!

出がらしの活用術

ハーブティーの出がらしの活用法を覚えておきましょう。

- □ 煮込んでジャムを作る
- □ ティーパックに入れて入浴剤として使う
- □ 土に混ぜて堆肥を作る

よく飲まれているのはこれ
ハーブティーによく使用するハーブ

主にハーブティーとして親しまれているハーブは、数十種類もあります。ここでは、ティーをブレンドする際に基本のハーブとして用いられているだけでなく、シングルティーとしても飲みやすいハーブをご紹介します。美肌やアンチエイジング、リラックス効果があるうえ、味もまろやか。市販されているものが多いため手に入りやすく、おいしいハーブティーを気軽に毎日楽しむことができます。

茶葉の量と蒸らし時間が大事

お湯の温度は、沸騰してひと呼吸おいた95℃〜98℃が適温です。精油成分を逃がさないために、お湯をいれたらすぐに蓋をします。基本、葉や花は３分、実や種、根などの固い部分は５分蒸らします。

ローズヒップ

やさしい酸味のある味わいで、飲みやすいハーブ。レモン20〜40個分のビタミンCのほか、抗酸化作用のあるリコピンや繊維質なども含まれ、便秘解消にも役立ちます。

レモンバーベナ

レモンのような香りですっきり飲みやすい味わい。香りが高く、リラックス効果をもたらします。眠れないときや食べ過ぎによる胃もたれのときにも効果を期待できます。

レモンバーム

乾燥した状態でいれると、まるで日本茶のようにクセのない、飲みやすいティーになります。イライラしたときに心を落ち着かせるリラックス作用や、安眠効果があります。

ジャーマンカモミール

青リンゴのような甘くやさしい香りと、みずみずしい味わいで初心者にもおすすめ。風邪のひきはじめやお腹の調子が悪いときなどにも適した、心と体にやさしいハーブです。

場面に合わせてハーブティーを選ぶ
シーン別ハーブティー選び

爽 快感のある香りと心地よさを味わえるハーブティーは、忙しいときや大事な場面にこそ取り入れたい飲み物のひとつです。心身ともに不調なときは手軽なハーブティーから栄養をチャージし、労ってあげましょう。飲まないなんてもったいないといわれるほど美容や健康によい成分が含まれているハーブティーを、ひとりではもちろん、家族や大切な人と一緒に楽しんでみてはいかがでしょうか。

起床時や二日酔いのときに

朝はデトックス効果の高いハーブを取り入れて老廃物を排出し、リセットするところからはじめましょう。

レモングラス

胃腸の調子を整えて食欲を増進させる

豊富な精油成分(シトラール、シトロネラール)によるレモンのような爽やかな香りが、目覚めに最適です。体を温める効果のほか、胃腸の調子を整えてくれて朝食をしっかり摂ることができます。

ダンディライオン

肝臓や腎臓に働きかけてアルコールの分解を早める

カフェインを含まないため、胃が疲れているときのコーヒー替わりとしても用いられています。利尿作用により、余分な水分を排泄することが可能。お酒を飲みすぎた翌朝に飲むと効果的です。

運動時や汗をかくときに

エネルギーを消耗するため、ビタミンとミネラルを十分に補いましょう。
運動前にハーブティーをスポーツドリンクにブレンドし、
摂取しておくことも大切。さらなる効果が期待できます。

ハイビスカス

**金メダリストが試合中に
飲んでいたことでも有名**

運動前に摂取した糖質のエネルギー代謝をよくし、疲労物質の排出を促す働きがあります。疲労回復に効果的なクエン酸、カリウムやアントシアニンを含むので、スポーツ後にもぴったり。

ローズヒップ

**「ビタミンCの爆弾」と
称されるハーブ**

豊富に含まれるビタミンCをはじめ、各種ビタミンや鉄分などのミネラルを多く含むハーブ。運動で消耗したエネルギー補助として親しまれています。集中力や持久力のアップも期待できます。

マテ

**カフェインを含むため
覚醒作用があり元気になる**

南米ではステビアなどで甘さを加え、疲労回復のドリンクとしてポピュラーに飲まれています。「飲むサラダ」といわれ、ビタミンやカルシウム、鉄分が豊富。骨や筋肉に有効に働きかけます。

勉強や仕事のときに

脳に働きかけて集中力を上げることに役立つハーブや、
パソコンで疲れた目の疲れを癒してくれるハーブもあります。
ストレスを和らげるハーブと合わせて取り入れるとよいでしょう。

ローズマリー

花言葉は「記憶」
独特の香りで脳を活性化

香りを嗅ぐことで記憶を司る「海馬（かいば）」に働きかけ、記憶を定着させてくれます。血行を促して身体に活力を与え、集中力がアップするだけでなく、肩こりや神経性の頭痛を和らげる働きもあります。

マリーゴールド

主成分であるルテインが
目の疲れを和らげる

パソコンによる目の疲れに効くといわれており、眼精疲労によいハイビスカスとブレンドするとさらなる相乗効果が期待できます。また、肝臓や胃粘膜を保護し、仕事によるストレスを和らげます。

ペパーミント

リフレッシュしたいときは
メントールで爽快感を

ミントの香りは、中枢神経を刺激して脳の働きを活発にします。頭が冴えないときや集中力をアップさせたいとき、眠気を覚ましたいときには、ペパーミントティーを飲むと効果的です。

63 合わせればさらに楽しみが広がる
ハーブティーのブレンド術

シングルティーで自分の好みを発見したら、ブレンドにチャレンジを。最初は３種類のハーブを合わせるのがおすすめ。比率はあまり気にせず、まずベースにしたい好きなハーブを１種類選んで多めに入れ、残りの２種を足してみましょう。目的や効能も考えてブレンドします。ローズヒップやオレンジピールでフルーティーさを出したり、ステビアなどで甘さを加えるのもよいでしょう。

Point あらかじめブレンドしていた茶葉はよく撹拌を

実や根、種などの重いものは、下に沈む性質があります。
ブレンドした茶葉を密閉袋などに入れて保管している場合、
味が均一になるように撹拌が必要です。

1. ブレンドした茶葉を保管していた、密閉袋などを用意する。

2. スプーンを使って、底から起こすように撹拌し、葉を混ぜ合わせる。

3. しっかり混ぜ合わせたら、ポットに茶葉を適量入れ、お湯を注いで蒸らす。

好みのハーブを多めに入れるのがポイント

自分がおいしいと感じるハーブを多めに入れましょう。ハイビスカスやミントなど、少量で味が濃く出るハーブや、ローズマリー、ラベンダーなど香りの強いハーブは、少しずつ加えながら味を調整するとよいでしょう。

とっておきの組み合わせを発見
ブレンドハーブティーとスイーツ

ハーブティーをブレンドすれば楽しみがさらに広がるだけでなく、ハーブティー以外の飲み物に近い味わいを発見することもあります。おすすめのブレンドとぴったりのスイーツを見つけてください。

ブレンドハーブティーの比率

まずは味、香り、効能などからイメージし、相性のよさそうなハーブを3種類選び、ベースとなる味を多めに入れましょう。

[ローズ 3 : ローズヒップ 5 : ハイビスカス 2] × サブレやパイなど

花のフレーバーが華やぐ贅沢ティー

甘さひかえめな焼菓子との相性が抜群！　もし甘みが足りない場合は、ステビアを少量プラス。

[カモミール 4 : オレンジピール 3 : レモンマートル 3] × チーズケーキやマドレーヌなど

柑橘系のみずみずしさを堪能

あえて近い風味のお菓子をチョイスして、ジューシーなフルーティー感を存分に味わいましょう。

[ダンディライオン 3 : チコリ 7] × 和菓子・洋菓子全般

ハーブコーヒーが完成

コーヒーに近い仕上がりに。ノンカフェインのため、誰でも安心してコーヒータイムを楽しめます。

シングルティーならこのコンビ

ダンディライオン×和菓子

ほうじ茶に近い味わいのため、和菓子と一緒に。

しそ×米菓

梅の風味で、老若男女問わず楽しめます。

ごぼう×チョコレート

茶の香ばしさとカカオの風味が絶妙にマッチ。

よく市販されているからすぐに入手できる！

手に入りやすいハーブ

気軽にお茶や料理に使いたいなら、自然のままのフレッシュな状態を乾燥させたドライハーブが便利です。長期保存できるので、いつでも好きなときに好きな量を使用することができます。

アンチエイジングや風邪の予防に

ローズヒップ

最も一般的なのは、ドッグローズと呼ばれる品種。食用としては花が咲いたあとの実の部分を使います。古くから薬効の高いことで知られていて、ビタミンCをはじめ多くのビタミンミネラルが含まれています。

● 期待できる作用

美肌、美白、強壮、利尿作用、抗酸化作用、便秘改善、風邪予防、生理不順など

● その他の活用方法

ジャム、菓子、料理、ローズヒップオイル（美容用）など

美容ハーブの代名詞

ハイビスカス

園芸店や南国で見かけるハイビスカスは観賞用で、食用のものは、ローゼル種の花を保護する花の周りのガクが膨らんだ赤い部分。花はクリーム色や淡いピンク色が多く、オクラの花に似て観賞用よりも小さいです。

● 期待できる作用

美肌、強壮、利尿作用、代謝促進、疲労回復、眼精疲労の予防など

● その他の活用方法

ソース、ジャム、デザートなど

ダイエットにもイチオシ

マテ

コーヒー、紅茶と並ぶ世界３大茶のひとつ。ビタミンや鉄分、カルシウムが豊富で、繊維質も含んでいるため栄養価が高い。煎茶のようなグリーンマテと、ほうじ茶のようなブラックマテが市販されています。

● 期待できる作用

美肌、強壮、利尿作用、神経強壮作用、疲労回復、ダイエット、リフレッシュ、脂肪の代謝促進など

● その他の活用方法

薬用、料理など

タンポポコーヒーとしても有名
ダンディライオン

葉のギザギザがライオンの歯に似ていることから名づけられたといわれています。お茶としては、根をローストしたものがタンポポコーヒーとして親しまれています。ビタミンやミネラルを豊富に含み、肝臓を強化します。

● 期待できる作用

根…利尿作用、解毒作用、肝機能改善、貧血の予防など
葉…利尿作用、皮膚疾患、泌尿器疾患の改善など

● その他の活用方法

料理、染料、浴用など

使いやすくて飲みやすい
オレンジピール

オレンジにはスイートオレンジとビターオレンジがあり、オレンジピールは果皮を乾燥したもの。ビターオレンジは、果皮だけでなく花もハーブティーとして飲まれ、スイートオレンジよりも薬効が高いといわれています。

● 期待できる作用

鎮静作用、消化促進、整腸作用、健胃など

● その他の活用方法

デザート、料理、浴用など

葉は日本茶に似た味わい
ラズベリーリーフ

フランボワーズともいわれ、実はジャムなどに使用されます。ヨーロッパでは古くから安産のためのお茶として有名。鉄分やカルシウム、ビタミンB群も含んでいるため、貧血の予防や疲労回復としても最適です。

● 期待できる作用

子宮や骨盤の筋肉強化、生理痛の緩和、貧血の予防、疲労回復など

● その他の活用方法

ジャム、菓子、うがい、沐浴など

老化防止に役立つ
ルイボス

ルイボスは南アフリカ特産のハーブで、先住民が「不老長寿のお茶」として古くから飲用してきました。活性酸素除去酵素（SOD）が多く含まれており、アレルギー症状や花粉症、皮膚のトラブルを和らげる働きがあります。

● 期待できる作用

抗酸化作用、抗アレルギー作用、代謝促進、花粉症やぜんそく、湿疹の緩和など

● その他の活用方法

浸出液、湿布、ローションなど

高い美容効果に注目

ヒース

ヨーロッパの荒地に生育する低木で、紫がかったピンク色の小さな可愛らしい花を咲かせます。美白成分であるアルブチンが多く含まれるので、シミやそばかすを防ぐことも期待でき、膀胱炎や尿道炎の予防にも役立ちます。

● 期待できる作用

美白、美肌作用、利尿作用、抗菌作用、腎機能の向上など

● その他の活用方法

スキンケア、浴用、チンキ、染料など

鎮静作用に定評がある

パッションフラワー

花の形が時計の文字盤に似ていることから、トケイソウという和名を持っています。植物性のトランキライザーと呼ばれるくらい、不安定な精神を抑えるなどの強い鎮静効果があり、不眠症の改善に役立ちます。

● 期待できる作用

鎮静作用、鎮痛作用など

● その他の活用方法

薬用、ジュース（果実）など

庶民の薬箱、万能薬として知られる

エルダーフラワー

初夏にはクリーム色の花を咲かせ、マスカットのような甘い香りを放つ特徴があります。「庶民の薬箱」「厄除けの木」とも呼ばれ、さまざまな薬効が知られており、古くから万能薬ともいわれていました。

● 期待できる作用

風邪、インフルエンザの予防、花粉症の症状緩和、抗アレルギー作用、発汗作用、利尿作用など

● その他の活用方法

ジャム、菓子、シロップ（コーディアル）、浴用、化粧水、湿布など

ミネラルの宝庫

ネトル

そのままだと葉や茎に鋭いとげがあるため取り扱いが難しいですが、乾燥させたものは飲みやすく、鉄分やカリウムなどを多く含みます。血液をきれいにし、アレルギー症状を和らげるので花粉症対策としても有効です。

● 期待できる作用

浄血、造血作用（貧血予防）、花粉症の症状を和らげる、利尿作用など

● その他の活用方法

湿布など

料理の味がたちまち決まる
ローリエ

葉を乾燥させたスパイスとしてヨーロッパでは広く使われており、ローレル、ベイリーフとも呼ばれています。香りが強く、長時間煮込むと臭みが出てくるため、煮込み料理の香りづけとして少量入れ、途中で取り出します。

● 期待できる作用

殺菌作用、健胃作用、肉の臭み消しなど

● その他の活用方法

料理など

心身を労わる女性に嬉しいハーブ
サフラワー

日本ではベニバナ(紅花)とよばれるキク科の植物で、花からはお茶を、種子からは食用油が作られます。身体を温めてくれる上、ホルモンバランスを整えるので、冷え性や生理不順、更年期障害の改善などに働きかけます。

● 期待できる作用

血中コレステロールの減少、生活習慣病の改善など

● その他の活用方法

染料、生薬、着色料(食品添加物)、化粧品など

風邪の初期症状を軽くしてくれる
リンデン

初夏に黄緑色の小さな花を咲かせる高木で、花と苞(花に近い部分の葉)の部分を、お茶として使います。上品で爽やかな香りで飲みやすく、穏やかなリラックス効果があるため、安心して使うことができます。

● 期待できる作用

発汗作用、鎮静作用、緊張緩和、不眠症の改善、消化促進、ストレス性の高血圧の改善、動脈硬化の予防など

● その他の活用方法

浴用、フェイシャルスチーム、はちみつ、飲料(リキュール)など

和ハーブとして重宝される
アマチャ

ユキノシタ科の落葉性の低木アジサイの変種。ガクアジサイとは異なります。生葉は甘くなく、若い葉を蒸して揉み、乾燥させて使います。甘さがショ糖の400～600倍あり、甘いお茶として飲まれています。

● 期待できる作用

抗アレルギー作用、歯周病の予防など

● その他の活用方法

甘味づけなど

カロリーのない甘味料
ステビア

古代インディオがマテ茶の甘味料として使ってきた植物。葉の中には、砂糖の200～300倍もの甘味成分ステビオサイドが含まれています。カロリーがほとんどないので、ダイエットや、糖質制限中の方におすすめ。

● 期待できる作用

甘味の調整、糖尿病、ダイエットなど

● その他の活用方法

シロップ、料理、加工食品の甘味づけ、飲料の甘味づけなど

スパイスとして活躍する
フェンネル

古代ギリシャでは「マラスロン」と呼ばれており、「マラノ＝痩せる」という意味で、ダイエットに効果があるといわれていました。また「魚のハーブ」とも呼ばれ、魚料理やスパイスとして幅広く使われています。

● 期待できる作用

消化促進、便秘の解消、利尿作用、ダイエット、解毒作用、お腹のガスをとるなど

● その他の活用方法

料理、浴用など

ウイルスとたたかってくれる
エキナセア

もともとはネイティブアメリカンの万能薬で、「天然の抗生物質」と呼ばれています。免疫力を強化し、風邪やインフルエンザの予防のほか、花粉症の症状を和らげます。ほのかに広がる草木の香りもポイントです。

● 期待できる作用

免疫機能を上げる、抗菌、抗ウイルス、消炎、風邪、インフルエンザの予防など

● その他の活用方法

サプリメント、チンキ、沐浴など

パンやヨーグルトにも使える
カルダモン

清涼感と刺激のある芳香が特徴。「香りの王様」「スパイスの女王」と呼ばれ、サフラン、バニラとともに高価なスパイスです。種子は噛むと口臭が消えるので、食後の臭い消しとしてもポピュラーです。

● 期待できる作用

発汗作用、食欲増進作用、消化促進作用、腹部の張り解消など

● その他の活用方法

チンキ、スパイス、コーヒーにブレンドするなど

苗が手に入りやすく、初心者にもおすすめ！

育てやすいハーブ

ハーブを育てたことのない人でも、育てやすく失敗の少ないハーブを集めました。植木鉢で育てることができるものからハーブティーや料理などにも活用できるものまで、チェックしてみてください。

美と健康の代表的なハーブ

ローズ

華やかで上品な香りにはリラックス作用があり、疲れていたり気分が落ち込んでいるときに最適。肌の引き締め作用もあります。バラの品種は多くあるが、お茶としてはガリカ種（ローズレッド）がおすすめ。

● 期待できる作用

美肌作用、鎮静作用、強壮作用、収斂（れん）作用、ホルモンバランスの調整、生理痛、更年期の諸症状の緩和など

● その他の活用方法

料理、デザート、浴用、化粧水、芳香剤など

「若返りのハーブ」とも呼ばれる

ローズマリー

樟脳（しょうのう）に似た強い香りと針状の葉を持っており、アンチエイジングに効果的でハンガリーウォーターとしても知られています。血行を促進し、脳の活性化や肩こり、筋肉痛にも効果的。苗は、立性と匍匐（ほふく）性があります。

● 期待できる作用

抗酸化作用、血行促進作用、発汗作用、収斂作用、筋肉痛など

● その他の活用方法

料理、浴用、ゴマージュなど

クセがなくスッキリとした味わい

レモングラス

さわやかな香りとやわらかな酸味が特徴で、ブレンドもしやすく万人に好まれています。葉先がとがっているため、葉を収穫するときは手袋などで手を保護しましょう。発汗作用があり、風邪の症状を和らげます。

● 期待できる作用

発汗作用、疲労回復、消化促進など

● その他の活用方法

料理、浴用、石鹸、防虫剤など

上品でマイルドな香り
レモンバーベナ

香水木(こうすいぼく)またはベルベーヌとも呼ばれ、レモンのような香りを放ちます。鎮静作用があり、神経の緊張からおこる不眠、片頭痛、消化不良などの緩和が期待できます。就寝前のハーブティーとして適しています。

● 期待できる作用

鎮静作用、発汗作用、不眠、片頭痛、ストレス性の胃腸障害の緩和など

● その他の活用方法

料理、デザート、化粧水、香料など

長寿のハーブとしても知られる
レモンバーム

見た目がシソに似ていますが、葉からはレモンに似た香りがします。乾燥させた葉には、クセのない日本茶のような飲みやすさがあります。心身のバランスを穏やかに整え、神経と消化器系に働きかけます。

● 期待できる作用

鎮静、鎮痛作用　抗ウイルス作用，神経性の胃炎緩和など

● その他の活用方法

料理、デザート、ハチミツ、浴用、湿布など

リフレッシュとリラックスに効果的
スペアミント

ミントは、多くの種類がありますが、スペアミントはペパーミントと並んで代表的です。ペパーミントに比べると香りが甘くやさしいのは、精油成分の主成分がメントールでなく、カルボンのためです。

● 期待できる作用

消化促進作用、リフレッシュ作用、リラックス作用、発汗作用、殺菌作用など

● その他の活用方法

料理、菓子、浴用、吸入など

皮膚や粘膜をしっとり保つ
マリーゴールド

食用はポットマリーゴールドと呼ばれるものが主流。サフランの代用品として、料理の色づけや生のままで食べることができます。ルテインという目に効果的な成分が多く含まれているので疲れ目や白内障の予防にも。

● 期待できる作用

粘膜保護作用、消化器系の炎症、収斂作用、美肌など

● その他の活用方法

料理、デザート、外用薬、浴用、フェイシャルスチーム、化粧品など

花や実はエディブルフラワーとして

ナスタチウム

和名は、キンレンカ（金蓮花）で、葉がハスに似ていることからつけられました。赤、黄、オレンジなど明るい花を咲かせて鑑賞用としても人気。花や葉はサラダやサンドイッチに、実はソースの香りづけに使われます。

● 期待できる作用

免疫力向上、強壮作用など

● その他の活用方法

園芸、料理など

むくみの解消、ダイエット効果に

ゼラニウム

バラに似た香りをもつことから、ローズゼラニウム、ニオイゼラニウムとも呼ばれ、心と体におこるさまざまなバランスの乱れを回復させてくれる働きがあります。精油を身体に取り込むことで、スキンケア効果も期待できます。

● 期待できる作用

生理不順、生理前症候群や更年期障害による症状緩和、抗菌作用、抗真菌作用、抗炎症作用など

● その他の活用方法

園芸、化粧品、虫よけスプレーなど

喉と気管支のハーブとして粘膜を保護

マロウ

和名がウスベニアオイといい、初夏になると赤紫色の花を咲かせます。フェイシャルスチームやスキンケアとしても使われ、ハーブティーにするとすぐに青紫色になり、レモンを加えるとピンクへと色の変化を楽しめます。

● 期待できる作用

粘膜保護作用、気管支炎など呼吸器系の症状の緩和、美肌、美白作用など

● その他の活用方法

料理、浴用、スキンケア、フェイシャルスチーム、ゴマージュなど

上品かつエレガントな香りが広がる

ラベンダー

シソ科の低木で語源は「洗う」という意味です。香りの女王とも呼ばれ、独特の強い香りが特徴的です。鎮静から活性まで、用途が広いのもラベンダーの特徴。リラックス作用があり、美容にも効果的です。

● 期待できる作用

鎮静作用、不眠症の改善、抗菌、殺菌作用、頭痛生理痛の緩和など

● その他の活用方法

菓子、飲料、浴用、ポプリ、化粧品など

料理の仕上がりをワンランク上げる

チャイブ

和名はエゾネギですが、セイヨウアサツキ、シブレットとも呼ばれ、5月くらいにピンク色の葱坊主のような花をつけます。ビタミンCと鉄分を豊富に含むので、貧血予防に効果的。薬味としても和洋中問わず活躍します。

● 期待できる作用

食欲増進、消化促進効果、貧血の予防など

● その他の活用方法

料理、薬用など

ミネラルを豊富に含み栄養価が高い

ルッコラ

発芽率が高いため扱いやすく、プランターで栽培できて家庭菜園に向いています。一年をとおして楽しむことができ、葉はゴマ風味で食べやすいため生でサラダにしたり、ピザやパスタ、肉、魚料理にと幅広く使うことが可能。

● 期待できる作用

疲労回復効果、美肌効果、デトックス効果など

● その他の活用方法

料理など

野菜感覚で使いやすい

バジル

ハーブの中でも野菜感覚で育てられ、パスタ、ピザ、サラダなど、料理用のハーブとして広く利用されています。バジルのお茶はさわやかな風味ながら、ピリッとしたスパイシーな味わいも楽しめます。

● 期待できる作用

食欲増進作用、強壮作用、抗菌作用など

● その他の活用方法

料理、害虫駆除剤、調味料、湿布など

ティーにミルクを入れると安眠できる

ジャーマンカモミール

大地のりんごと呼ばれ、青りんごに似た甘い香りがします。カモミールにはジャーマンとローマンがあり、お茶として飲まれるのはジャーマン。ローマンはアロマテラピーとして使われることが多いです。

● 期待できる作用

消化促進鎮静作用、抗炎症作用、不眠症の改善、発汗作用など

● その他の活用方法

菓子、浴用、フェイシャルスチームなど

うがいで利用すると効果的

オレガノ

別名ワイルドマジョラムで、ピザやトマト料理などのイタリア料理によく使われます。殺菌作用もあり、風邪やインフルエンザのときにも重宝します。消化促進作用があるので、食後に飲むとよいでしょう。

● 期待できる作用

殺菌作用、強壮作用など

● その他の活用方法

料理、浴用など

実だけでなく葉も有能

ワイルドストロベリー

別名ヨーロッパクサイチゴ、和名はエゾヘビイチゴで、葉はお茶のように飲みやすく酸味はありません。胃腸の調子を整え貧血の予防と改善に繋がります。強肝作用があるため、お酒の好きな方にもおすすめ。

● 期待できる作用

利尿作用、リラックス作用、強肝作用、貧血、食欲増進など

● その他の活用方法

ジャム、菓子、肌の収斂(れん)など

昔から香水の原料とされてきた

スイートバイオレット

芳香と可愛らしさで人気があります。多年草で耐寒性もあり丈夫ですが、夏の暑さには注意。花の浸出液をお茶に混ぜて飲んだり、うがい薬としても利用でき、砂糖漬けやエディブルフラワーとしても使われています。

● 期待できる作用

鎮静作用、咳を鎮め気管支炎や口内炎などに有効、利尿作用など

● その他の活用方法

園芸、料理、デザート、ポプリ、うがい薬など

抗菌や防腐にも有効

セージ

セージは種類が多くありますが、薬用や料理として使われているものはコモンセージ、和名は、ヤクヨウサルビアと呼ばれるものです。「健康」「安全」を意味し、古くから万病の治療薬として用いられてきました。

● 期待できる作用

殺菌作用、消化促進作用、強壮作用、ホルモン調整作用など

● その他の活用方法

料理、浴用、ポプリなど

『今日から育てる　キッチン菜園読本』
ベターホーム協会（著）／ベターホーム出版局

『THE COMPLETE New Herbal ハーブ大全』
リチャード・メイビー（著）難波恒雄（日本語版監修）／小学館

『The complete WOMAN ʻS HERBAL』
アン・マッキンタイア（著）／産調出版

『ハーブ活用百科事典』
キャロライン・フォーリー（著）鈴木宏子（訳）／産調出版

『ハーブ学名語源事典』
大槻真一郎、尾崎由紀子（著）／東京堂出版

『ハーブの安全性ガイド』
クリス・D・メレティス（著）川口建夫（訳）／
フレグランスジャーナル社

『ハーブのたのしみ』
A.W.ハットフィールド（著）
山中雅也、山形悦子（訳）／八坂書房

『エッセンシャルオイルブック』
スーザン・カーティス（著）バーグ文子、梶原建二（日本語版監修）
伊藤美保（訳）／双葉社

『Herbs for Pets』
グレゴリー・L・ティルフォード、メアリー・L・ウルフ（著）
金田郁子（訳）／ナナ・コーポレート・コミュニケーション

『日本の森から生まれたアロマ』
稲本正（著）／世界文化社

『ハーブスパイス館』
小学館

『西洋中世ハーブ事典』
マーガレット・B・フリーマン（著）遠山茂（訳）／八坂書房

『JOY OF HERBS　ハーブを楽しむ暮らし』
鷹谷宏幸（著）／グラフ社

（順不同）

● 協力・後援

NPO 法人日本ハーブ振興協会
一般財団法人ベターホーム協会
株式会社コネクト
株式会社メイポップ
株式会社ノラコーポレーション
正プラス株式会社

● 指導・写真提供

指田 豊（東京薬科大学名誉教授）

● 撮影協力

鈴木惠理
鵜野 陽

● レシピ協力

小野貴史

● レシピ・料理作成

石山 圭

● 協力スタッフ

小林麻美、三須真紀、阿部柚加梨、
池田ひろみ、岡井綾子、星野佐代子、
平澤笑美子、小谷美樹、増田百合子
（ハーブサイエンスアカデミー）

● 商品協力

園芸ネット（P.12、18）
http://www.engei.net/

バルコニースタイル＊
（P.53 角鉢以外）
http://balconystyle.com/

ベランダガーデニング専門店
カルセラショップ（P.17）
http://www.culcera.com/)

ハーブ苗専門店
グリーンスポット・デン
（P.138 ～ 142）
https://www.greenspotden.com

写真 北原千恵美、竹内浩務
イラスト さのまきこ
デザイン スタジオダンク
編集 フィグインク

ハーブサイエンスアカデミー学長

窪田利恵子
Rieko Kubota

＊

ハーブサイエンスアカデミー学長。
日本ハーブ振興協会主席研究員、ハーブマスター。英国王立園芸協会会員。
大手食品会社にて、ハーブやビタミンなど健康食品事業（商品開発、店舗業態開発、販売教育）に従事。ハーブ専門店チェーン勤務を経て現在、ハーブの専門スクール、ハーブサイエンスアカデミーを主宰し、全国でハーブに関する講演を行い、ハーブの普及に努める。大学、企業、各種団体において、ハーブの教育、商品企画、店舗運用などのコンサルティングを行っている。VIP 御用達のカスタム・ハーブティーを供与する、トップブレンダーとしても著名。
http://www.herb-science.jp

ハーブ 楽しみ方のポイント66
育てて、食べて、心と体に効く 増補改定版

2019 年 3 月 15 日　第 1 版・第 1 刷発行

著　者　窪田利恵子（くぼたりえこ）
発行者　メイツ出版株式会社
代表者　三渡　治
〒 102-0093　東京都千代田区平河町一丁目 1-8
TEL：03-5276-3050（編集・営業）
03-5276-3052（注文専用）
FAX：03-5276-3105
印　刷　三松堂印刷株式会社

●本書の一部、あるいは全部を無断でコピーすることは、法律で認められた場合を除き、著作権の侵害となりますので禁止します。

●定価はカバーに表示してあります。

© スタジオダンク , 窪田利恵子 ,2011,2019

ISBN978-4-7804-2149-1 C2077 Printed in Japan.

ご意見・ご感想はホームページから承っております。
メイツ出版ホームページアドレス
http://www.mates-publishing.co.jp/

編集長：折居かおる　副編集長：堀明研斗　企画担当：折居かおる

※本書は 2011 年発行の『育てて、食べて、心と体に効く　ハーブ楽しみ方のポイント 60』を元に加筆・修正を行っています。